短发[illegible]豫给女人的24堂智慧课

知性化作标签。鲁豫告诉你——智慧的人生可以这般绚烂

罗语⊙编著

北京工业大学出版社

图书在版编目（CIP）数据

鲁豫给女人的24堂智慧课／罗语编著．—北京：北京工业大学出版社，2009.10

ISBN 978-7-5639-2162-1

Ⅰ．鲁…　Ⅱ．罗…　Ⅲ．女性－成功心理学－通俗读物　Ⅳ．B848.4－49

中国版本图书馆CIP数据核字（2009）第155170号

鲁豫给女人的24堂智慧课

编　　著：罗　语
责任编辑：郑　华
封面设计：潘　峰
出版发行：北京工业大学出版社
地　　址：北京市朝阳区平乐园100号
邮政编码：100124
电　　话：010-67391106　010-67392308（传真）
电子信箱：bgdcbsfxb@163.net
承印单位：北京京都六环印刷厂
经销单位：全国各地新华书店
开　　本：787mm×1092mm　1/16
印　　张：14.75
字　　数：194千字
版　　次：2010年1月第1版
印　　次：2010年1月第1次印刷
标准书号：ISBN 978-7-5639-2162-1
定　　价：25.00元

前言

熟悉的电视片头曲响起，字幕打出“鲁豫有约——说出你的故事”，然后我们看见一个留着清爽短发的女人。她说，我们便聆听；她笑，我们便喜悦。

转换频道，看到她代言的广告，一样的干练，一样的朝气蓬勃。

偶尔在机场见到她，她拖着轻便的行李箱辗转于北京和香港，在她的爱情与事业里自如地游弋。

这就是陈鲁豫——凤凰卫视当家女主持。知性是她的个人标签，我们亦可以用秀外慧中来形容她，这词略显老套，但于她而言再合适不过了。她曾经主持新闻节目《凤凰早班车》，开中国“说新闻”之先河；她主持的谈话类节目《鲁豫有约》在同类节目中长期占据着收视率第一的位置；她的身影还出现在各种大型晚会和典礼上；她著的书《心相约》深受读者喜爱；她甚至跨入话剧舞台，成为“艺术总监”，指导了系列舞台剧《鲁豫有戏》；她与初恋的爱人最终走到一起，证明了纯真而执著的爱情——她的生活太精彩了。

要精彩地生活，必须有清醒的头脑和过人的智慧。鲁豫的人生经验和智慧值得所有年轻女性学习和借鉴。尤其在今天，女性已经在社会生活中扮演着越来越重要、越来越夺目的角色，各行各业里不乏女性精英。为自己寻找一个像鲁豫这样成功的典范人物，从她们身上我们可以重新认识女性的价值，规划自己的人生。

《鲁豫给女人的24堂智慧课》就是这样一本书，它发掘了鲁豫以及和她一样成功的女性的人生经验，精心分成24堂课程，像一个循循善诱的指导者，为你生活的方方面面提供精辟而有益的建议。

其实，我们的生活并不复杂，掌控好自己的内心以及与外界的关系，我们就能生活得更加有滋有味、多姿多彩。本书要让你重新发掘女性的优势，并告诉你如何运用这些优势，在原本由男性掌控的世界里觅得自己的主导地位。接受这些新观念，与过去的自己告别，以更自信的态度面对自己和世界，活出属于自己的精彩。鲁豫是这样做的，你一样可以。

成功女性最耀眼的地方就是她们辉煌的事业，如果你和她们一样不甘于平凡、不满足于现状，那么投入到事业中是你摆脱平庸的捷径。本书将鲁豫以及许多优秀女性的职场经验告诉你，让你知晓职场通行的规则，并获得自身的更大发展。与人交往是女性永远也避不开的话题，要想打破交际障碍，扩展自己的人脉，你就需要细心阅读本书中的这些篇章。克服羞怯心态，绽放灿烂笑容，自信社交的女人最美丽。作为女性，对家庭的依恋是一种天性。顺从自己的天性，寻找更为适当的方式，打造和谐美满的家庭，你也需要这样的智慧。除此以外，如何在自己平凡的生活中发现新的乐趣，让自己的生活平凡而不平淡，本书也会提供给你满意的答案。

生活的智慧，需要你用心去领悟。如果能得到成功者的指点，无异于踩在了巨人的肩膀上。这是鲁豫的精彩，也将会是你的精彩。

目录 Contents

第一篇　创世纪新篇
——“她”隆重登场

目录
Contents

目录
Contents

目录
Contents

目录
Contents

目录
Contents

目录

Contents

目录
Contents

第一篇

创世纪新篇
——“她”隆重登场

“她”是最美的字眼。汉字里并不是一开始就有“她”，但在这样一个“她”的世纪，如果没有“她”，世界将多么单调而乏味。做一个拆字的游戏，“她”就是“女”和“也”，女人也可以和男人一样，在这个社会中创造事业的辉煌，并且兼顾家庭的美满。她们也一样能力卓著，拥有远大的梦想，而且她们还有属于女人的优势和令人景仰的美德。这就是“她”——与众不同，卓尔不群。

Lesson1 发掘优势，迎接“她世纪”

“他”的时代还将继续，但“她”的世纪已然来临。新时代对女性已经没有诸多的限制，女性可以自由地散发自己独特的影响力。让鲁豫来告诉你，怎样发挥女性的特定优势，找到最适合自己的发展道路。自我觉醒与独立，是你需要跨出的第一步。

智慧关键词：独立　优势

“她世纪”来临，你该重新定义自己

“她世纪”是什么样的？要想了解这个时代的特征，我们不妨从咬文嚼字开始。

“她”是女性第三人称，汉字里一开始并没有“她”这个字，这个汉

字的出现至今不过百年。1918 年，诗人刘半农的一首《叫我如何不想她》的新诗传遍大江南北，此诗中开创性地用第三人称“她”指代女性，并且很快被大众接受。而 21 世纪初，美国方言学会举行了一次“世纪之字”评选活动，让大家评选出最能代表新世纪的字词，结果让很多人大跌眼镜——“她”以绝对优势战胜“科学”等候选字词，成为“21 世纪最重要的一个字”。我们开始大踏步地迈入“她世纪”，在这个时代里，“她”的地位举足轻重。

“她世纪”以前，女人被男人视为附属物。就像西方神话中所说，上帝用亚当的肋骨造了夏娃，所以代表女性的夏娃始终从属于代表男性的亚当。中国文化中，“男主外，女主内”的传统也持续了近千年。而在“她世纪”里，这些神话和传统都被打破，女人开始走出厨房，在原本属于男人的“战场”上拼搏，并且取得了骄人的成绩。这样出色的女性数不胜数，她们光彩夺目，成为世人眼中靓丽的风景。

鲁豫也是这样一名成功的女性。提起鲁豫，大家就会不约而同地用上这些形容词：理性、聪慧、成功。这也是“她世纪”女性佼佼者们的共同特点。的确，她们的经历和成就不得不让人钦佩。

鲁豫毕业于北京广播学院外语系，也就是今天的中国传媒大学。她小时候并不是一个成绩优异的好学生。她除了英语以外，其他功课都不算理想。但她从小就很有主见，对未来有着明确的目标。“你说你一定会做一个很好的节目，拥有一个很大的舞台。”这是多年以后的同学聚会上，一个旧日老友对鲁豫说的。此时已功成名就的鲁豫无法回忆起当年年少轻狂的岁月，但岁月见证了她的诺言。

鲁豫大学时获得北京市申办 2000 年奥运会英语演讲比赛第一名，从而一举成名，紧接着直接进入中央电视台《艺苑风景线》栏目担任主持人，1996 年她又加盟凤凰卫视。当时的凤凰卫视还远没有今天的声名，鲁豫和它一起成长。她参与主持过凤凰卫视许多重大新闻直播节目，如香港回归、澳门回归、千禧之旅、戴安娜王妃葬礼、美国总统大选以及“9·11”事件、伊拉克战争等，充分体现了她英语方面的出色才华和对国际新闻的敏感度。她还推出了具有个人品牌的两大节目《凤凰早班车》和《鲁豫有约》。

在新闻史上，《凤凰早班车》可能比《鲁豫有约》更具里程碑式的意义，因为它开创了“说”新闻的先河——用聊天、调侃的轻松方式将新闻“说”给观众听。这样的方式比以前播音员死板地背诵稿件格外有吸引力，《凤凰早班车》的开播给当时死气沉沉的新闻节目以很大的冲击和震撼，就像一股清泉汇入了混沌的海洋。此后，无数电视台都模仿了这一模式。

通过《鲁豫有约》，大众更加了解和喜爱鲁豫。轻松、幽默又不乏智慧的访谈让鲁豫的知名度全面提升，节目更是颇受好评。她屡次被评为“最受欢迎主持人”，2007年还荣获香港《旭茉 Jessica》杂志评选的“2007 Most Successful Women”称号。

“Most Successful”表达了一种极致的赞扬，鲁豫的确是“她世纪”里“最成功”的女性之一。为什么这类女性的经历如此不凡？因为她们重新定义了自己。她们不再把自己划归在“柴米油盐”的领域中，而是认识到自己与众多男性一样拥有创造价值的能力，甚至有更大的优势。

21世纪是知识经济时代，它对人的要求不再强调体力因素，而是把重点放在脑力方面。它要求人们具有思考、协调、沟通、互动、策划等能力，而女性在这些方面绝对不比男性逊色。正如人类学家海伦·费希在她的著作《第一性：女性的天赋及她们如何改变世界》中指出的一样：“男性的特点可能使他们在工业社会略胜一筹，但在由电子商务、网络社会和协作精神构成的新背景下，男性的优势就不那么明显了。”而女性本身具有的敏感、细腻、灵活、亲和力强以及直觉灵敏等特点，将赋予她们更大的优势。

最先在中国提出“她世纪”这一概念的新闻周刊《新周刊》，对“她

世纪”的女性做了这样的描摹：“她们仿佛很贪心，什么都要，家庭的幸福也要，事业的成功也要；与男人一样坚强的性格也要，最女性化的柔弱体格也要；既美丽又成功，安心要让男人甘拜下风。”这就是“她”的新定义，“她”要与“他”一样，甚至比“他”更强。

我们从“咬文嚼字”开始，也从“咬文嚼字”结束。“历史”的英文单词是“history”，你可以把它看做“his story”的合体，意思就是“他”的故事。这个词潜在的意思是历史是由男人创造的，而在“她世纪”，我们要重新定义历史，书写“她”的故事。

直觉是上天赐给女人的礼物

曾经有一位魔术师表演“大变活人”，他煞有介事地往大型的玻璃缸里加着不同的“试剂”，嘴里念叨着：“加一点‘美丽’，再来一点‘温柔’，‘善良’当然也是少不了的，最后还有一点‘嫉妒心’和‘小心眼’……”加完了这些“试剂”，玻璃缸里却依旧空空如也。于是，魔术师问观众：“奇怪了，还差一点什么吗？”台下一个中年妇女说道：“你还差一点‘直觉’。”魔术师狡黠地一笑，对着玻璃缸说：“那就再加一点‘直觉’。”话刚落音，玻璃缸里突然弥漫出浓浓的烟雾，然后一个美丽的女子从烟雾中缓缓地站立起来，台下一片欢呼。

魔术当然是假的，可是高明的魔术师把构成女性形象的要素囊括其中，为人们展示了一个活灵活现的女性形象，这其中就包括一项至关重要、不能不提的女性特质——直觉。直觉，是一种不经过分析、推理而直接快速地进行判断的认识能力。比如，凭直觉判断几种复杂商业方案的优劣，或判断一部电影可能产生的社会影响等。世界上没有哪一种生物比女人更相信自已的直觉。确实如此，她们是直觉敏锐的高级动物，常常能发现被隐藏的事物或敏锐地感受到事物的真相。

女人似乎天生拥有超强的“第六感”，对待一件事情，她们往往更依赖直觉而非理性判断。鲁豫最喜欢的女作家三毛就经常在作品中提及一些很“玄”的经历：她经常在事情发生之前就产生奇妙的预感，结果事情真的如她所说的发生了。鲁豫也有这样的直觉，比如在众多的节目选题中，她能一眼看出哪一个是最有吸引力、最有观众缘的。正是她敏锐的直觉让《鲁豫有约》期期精彩，极具观众缘。

相信很多女性都有类似的经验，特别是某些事业有成的女性，更是大多都拥有很强的直觉判断力。她们处理问题总是既准确又快捷，而不像男人那样，凡事必须经过周密的逻辑思考才能决断。

位美国妇女依靠直觉建立了自己的服装王国。在设计时装的过程中，她会服从自己设计思想中的直觉灵感，甚至当它们与专业服装设计师意见相左时也绝不改变。通过直觉，她发现了职业女性的服装需求，即风格简约、合体舒适、便于搭配、适合多种场合。也是通过直觉，她为自己设计的服装制定出略高于平均水平的售价，她明白她的主流客户需要在衣着上体现自己的着装品位和职业优越感。

她拥有敏锐直觉的秘诀就是经常亲临柜台当售货员，在试衣室仔细聆听顾客“感觉好”与“感觉不好”的每一条意见。然后彻底消化这些信息，再对产品进行改进，促使产品最终投放市场时出现供不应求的现象。

从这个例子中我们可以看出，直觉也是可以培养的。你可以有意识地培养自己的洞察力，练就敏锐的目光。积累知识会使天赋感觉更加敏锐，你掌握的有关知识越多，你对事情本质的了解就越深刻，你的直觉判断力、预测力、决断力也会更敏锐。另外，生活经验越丰富，眼界越开阔，直觉运用的实践越多，你的判断和推测也会越准确。因此要时时注意观察你生活和事业中发生的各种现象，勤于运用直觉去判断它们的本质和结局，并在事实中加以检查。相信经过不断训练，随着经验的增长，你的直觉运用起来定会更加得心应手。

智慧自测题

身为女性的你，天赋的直觉发挥作用了吗？不妨做做这个小测试，测测你的直觉有多强。根据你的实际情况，用“是”或“否”回答下列问题。

1. 在猜谜游戏中，你是否总是赢家？

2. 打牌、买奖券，你总是很走运吗？

3. 你是否第一眼看见一幢房子，便立即感到如果住在里面一定很舒适？

4. 你是否第一眼看见某一个人便感到已十分了解他？

5. 你是否经常一听到电话铃声，便能猜出对方是谁？

6. 你是否经常听见某种声音，它告诉你应该如何作出抉择？

7. 你相信命运吗？

8. 你是否经常在别人开口之前，便知道他想说什么？

9. 你是否做过噩梦，而梦中内容变成了事实？

10. 你是否经常在拆信之前，便已经知道信中内容？

11. 你是否经常接着把其他人说到一半的话说完？

12. 有段时间没有听到某人的消息，正当你想起这个人时，是否恰巧能在街上遇见这个人或是收到他的信、接到他的电话？

13. 你是否会无缘无故地不信任某人？

14. 你是否常常为自己对别人第一印象的准确而感到骄傲？

15. 你是否常常对某人有似曾相识的感觉？

16. 你是否经常在外出旅行之前，预感路上可能会出事而更改旅行计划？

17. 你是否会在半夜里，因为对亲友的健康或安全问题似有预感而突然惊醒？

18. 你是否会无缘无故地讨厌某人？

19. 你是否一见到某件衣服，就感到非买不可？

20. 你是否相信一见钟情？

★ 评分标准

以上各题回答“是”得1分，回答“否”得0分。

★ 结果分析

10～20分：你有敏锐的直觉，能够不经过思考而立即、直接地进行判断。你时常跟着自己的直觉行动，并且精确无比。只要是不过分迷信，直觉还是值得珍惜的。

1～9分：你具备较强的直觉能力，但尚不太重视它。其实直觉既是一种能力，又是一种知识，因为无须经过推理，也无须通过其他媒介传送，所以它看上去像是倏忽而至的灵感。直觉看似缥缈，然而许多时候，不妨在某些推理太复杂或无法进行推理的情况下，跟着直觉走。

0分：你潜藏的直觉能力尚有待开发。你若是试着考察你思维的天空，会发现直觉的倩影；你若是试着接受直觉所给予的判断力，会发现有时候它能带来不少益处。试着去运用你的直觉吧，你的改变会让周围人为之惊讶。

Lesson2 大家都有梦，鲁豫偏偏不做梦

智慧关键词：特色　另类

一味地追逐流行装扮，你的美丽不过是流水线上的包装袋之一；人云亦云，不能独立思考，你的智慧就如鹦鹉学舌一样肤浅。内涵之美与深刻的智慧都是自觉的产物，并且带有明显的个人特色，要记住与众不同是脱颖而出的基础。

脱颖而出——因为她不同

把一株白兰花种植在红玫瑰丛中，你一眼望去肯定会把视线落在洁白的兰花上。玫瑰固然鲜艳娇媚，但比不上这“万红丛中一点白”，因为它与众不同。伟大剧作家莎士比亚曾说过：“你是独一无二的，这是最大的赞美。”因为独一无二、与众不同，所以才能脱颖而出。

鲁豫对此有着深刻的体会。1991 年的冬天，鲁豫报名参加了北京申办 2000 年奥运会英语演讲比赛，并且顺利进入了复赛。复赛的竞争是激烈的，鲁豫精心准备了演讲稿。当她听到一个选手以激情澎湃的声调朗诵马丁·路德·金的“我有一个梦想（I have a dream）”时，她为对手的创意拍案叫绝，并自叹弗如、甘拜下风。就在她为自己的演讲创意感到略有遗憾时，第二个参赛选手说出了同样的句子。此时她坦然了，她知道如果大家“都做梦”，那么“不做梦”的她反而可以脱颖而出。于是，她带着自信走上演讲台，并且一举拿下比赛的一等奖。

一个本来很好的创意，但就是因为被太多人采用反而让裁判产生了审美疲劳，而选择了另一种方式的鲁豫此时就像是玫瑰丛中的白兰花，清新而脱俗了，谁能不注意到她的光彩呢？

其实我们都可以这样脱俗，因为每个人都拥有与众不同的特质。可是盲目地追随潮流让千人一面，让我们的思维方式越发僵化。当看到一个成功的范本时，大家争相模仿，甚至忽视自身的特质，结果只能是得不偿失。比如早先投资银行的工作非常吃香，很多人想尽办法要挤进投资银行，但这其中有很多人根本不适合做这项工作，所以即便达成所愿也过得很不开心。而近两年的金融危机又让这个行业岌岌可危，那些不适合的人更是裁员名单上的首选。正是因为这些人不清楚自己的独到之处，不了解自己的潜在优势，盲目从众，所以只能东施效颦、竹篮打水一场空了，而一些清楚自己独有特色的女性就能从众人之中脱颖而出。

索菲娅·罗兰是意大利著名影星。她 16 岁时来到罗马，想要在演艺界闯出一番天地。制片商卡洛看中了她，带她去试了许多次镜，但摄影师们都抱怨无法把她拍得美艳动人，因为她的鼻子太长、臀部太宽，不符合当时人们对美女的定义。于是，卡洛劝说索菲娅把鼻子和臀部都“动一动”。索菲娅断然拒绝了卡洛的要求，她说：“我为什么非要长得和别人一样呢？鼻子是脸庞的中心，它赋予脸庞以性格，我就喜欢我的鼻子和脸保持它的原状，臀部也一样。"独特的索菲娅最终获得了成功，在一大批脸庞甜美、身材娇小的女星中间，索菲娅显得那样英气不凡、桀骜不驯。这些特点也让她赋予电影中的人物更加鲜明的形象，让观众过目不忘、印象深刻。在20世纪结束时，她甚至被评为20世纪"最美丽的女性"之一。

索菲娅·罗兰的经历告诉我们，做人要有自己的特色，不要模仿别人去换取暂时的回报，这种以丢失自我为代价的成功，从长远的角度看，无异于杀鸡取卵。你也许会在某个时候发现，羡慕是无知的，模仿也就意味着自我扼杀。

作为女人，坚守住自己的个性，在世界这座百花园中，你就是一朵奇葩。世界上所有的东西，都是不可仿制的，是绝无仅有的。身处女性大家族中的你，也是这个世界上独一无二的。在其他人眼中，你就是你，具有你自己独特的个性，是人世间任何一个"她"都无法比拟和取代的。个性就是特点，特点就是优势，优势就是你脱颖而出的保证。

"权威意见"是参考而不是镣铐

完全听从发型师的建议，穿衣服一定要看时尚杂志的推荐，买品牌最热的化妆品……很多女人就这样臣服在"权威意见"的脚下。不只是在生活的细节上，她们在自己的工作、人生规划上也犯着同样的错误。当一个貌似专家的人给出建议时，她们就会毫不犹豫地接受。但我们必须要知道的是，权威并不意味着永远正确，他们只是在大多数时间里能够明智决断。而你要做的就是保留自己的思考，敢于纠正权威的错误。

鲁豫从小就敢于藐视权威，当她还是个小学生时就敢和父母"叫板"。她的父母都是学习小语种出身，在中国国际广播电台工作。当父亲提出要亲自教她英语时，她有几分不屑。她觉得父亲的专业并非英语，所以他的英文水平是不值得信任的，而自己要学就学最纯正、最地道的英文。父亲面对这样一个倔犟而又有主见的女儿，有些许失落，但更多的却是惊喜和佩服。

三岁看大，七岁看老。此时的陈鲁豫已显示出了对权威意见的正确态度——参考它，但不把它当成束缚自己的镣铐。不仅是鲁豫，其他所有取得辉煌成就的人都具有这样的品质。他们尊重权威，但从不迷信权威。

1842年3月，在百老汇的社会图书馆里，著名作家爱默生当众介绍了年轻的惠特曼："谁说我们美国没有自己的诗篇？我们的诗人文豪就在这儿呢……"惠特曼当时还是一个不为人知的小诗人，并没有得到多少人的赞誉。但爱默生已经是一名十分杰出的作家，爱默生对惠特曼的鼓励和支持，可谓是雪中送炭，知遇之恩重如山！

1854年，惠特曼的《草叶集》问世了。这本诗集热情奔放，冲破了传统格律的束缚，用新的形式表达了追求自由的民主思想以及对种族、民族和社会压迫的强烈抗议。爱默生给予这些诗以极高的评价，称这些诗是"属于美国的诗"，"是奇妙的"、"有着无法形容的魔力"，"有可怕的眼睛和水牛的精神"。《草叶集》受到爱默生这样有声誉的作家的褒扬，使得一些本来把它评价得一无是处的报刊马上换了口气，温和了起来。

1860年，当惠特曼决定发行第三版《草叶集》，并将补进些新作时，爱默生竭力劝说惠特曼取消其中几首描写"性"的诗歌，说否则第三版将不会畅销。惠特曼没有听从这位"权威提携者"的话，他说："删后还会是这么好的书吗？"爱默生反驳说："我没说'还'是本好书，我说删了就是本好书！"执著的惠特曼仍不肯让步，他对爱默生表示："在我灵魂深处，我的意念是不服从任何束缚的，而是走自己的路。《草叶集》是不会被删改的，任由它自己繁荣和枯萎吧！"他又说："世上最脏的书就是被删减过的书，删减意味着道歉、投降。"第三版《草叶集》出版后获得了巨大的成功。不久，它便跨越了国界，传到世界许多地方。

爱默生可以算是文学界的权威，他慧眼识英雄，对惠特曼有知遇之恩。但这样一个大文豪也没能时时刻刻保持自己的眼光，也犯下了保守迂腐的错误，险些毁了一本巨著。幸好惠特曼没有对这位权威人士顶礼膜拜，而是保留了自己的看法，他的坚持成就了这本《草叶集》的完整和深刻。

在生活和工作中，当我们自己持有的意见和"权威意见"发生冲突时，大多数人便主动地放弃了自己的想法。虽然权威在很多时候都是正确的，但如果你没有经过思考而只是习惯性地依附于他，你就永远只能是跟随者甚至盲从者，而没有办法在这个世界上发出自己的声音。一旦你所相信的权威力量"坍塌"时，你的精神支柱也会随之倒塌。

所以，女性朋友们要记住，权威意见只是参考，自己才是命运的主宰者。

不被承认，个性也可能一文不值

上文中鲁豫以及其他成功者的经历告诉广大女性，必须有特色，必须有主见。例如，面对一些媒体所报道的负面消息时，鲁豫洒脱地说："他炒他的，我做我的。"这种态度正符合了但丁说过的"走自己的路，让别人说去吧"。洒脱的个性让她坦然地面对着外界的压力，但这并不是说我们可以由着自己的性子乱来。鲁豫说她有自己的想法，也绝对会顾及周围的环境，因为所谓的个性，如果不被承认，就是一文不值的。

时下的种种媒体，包括图书、杂志、电视等都在宣扬个性的重要性，并且列举出了很多看起来特立独行的成功者。这些宣传给涉世未深的年轻人带来了负面影响，他们把特立独行或者个性理解为举止怪异、为所欲为、随心所欲，并且认为这就是一种很超然的态度，是酷。可是他们忽略了一点，那些被当做楷模的个性人士都是功成名就的人。

比如，爱因斯坦在日常生活中不拘小节，巴顿将军性格极其粗野，画家凡·高是一个缺少理性、充满了艺术妄想的人。但他们的个性成就了他们非凡的才华和贡献，这使得他们的特殊个性得到了社会的肯定。不拘生活小节让爱因斯坦专注研究；粗暴让巴顿将军拥有了震慑人的威力；艺术狂想让凡·高灵感不断。但要是爱因斯坦粗暴、巴顿充满艺术狂想、凡·高不拘小节，这样的组合就会让人感到怪异了。

所以，名人们的特立独行之所以被关注，是因为他们创造了巨大的社会价值。社会需要你创造价值，首先关注的也是你的工作品质是否有利于创造价值。个性也不例外，只有当你的个性有利于创造价值，是一种生产型的个性时，你的个性才能被社会接受。如果你只是一般的人，以无知为个性，那你自以为标新立异的行为可能只会得到别人的嘲笑。

社会需要的是生产型的个性，你的个性只有融合创造性的才华和能力，才能够被社会接受。如果你的个性没有表现为一种才能，而仅仅表现为一种脾气，那它就只能给你带来不好的结果。

琳琳是一个个性张扬的前卫女孩，她热爱无拘无束的生活方式，把平凡、规矩、条条框框视为死敌。大学毕业后，她获得了一家合资企业的面试机会。当天，她的打扮令所有面试官目瞪口呆，露脐装、超短裙、冲天辫，手腕上戴数十串银手链……出门时母亲一再让她穿得“正常”点，她依然我行我素。

琳琳的专业能力和外语口语能力确实不俗，面试官最后和颜悦色地说：“你的条件很优秀，可以胜任这项工作，不过，我想提醒你，我们公司是一家正规企业，着装方面有一定要求，不能太随便，更不允许暴露……”琳琳立刻打断了他：“我的能力与我的衣着没有任何关系，这么穿我觉得最舒服。如果非要穿正装上班，我会连气都喘不上来！”面试官的表情严肃起来，冷冷地说：“那么好吧，请你去能让你随心所欲的地方发展，我们公司不欢迎像你这么有个性的天才！”

经验丰富的面试官当然不是因为被抢白才拒绝琳琳的，而是琳琳随心所欲、为所欲为的态度让他知道她与企业的要求完全不符。这是一个正规的合资企业，各种制度与规则是其正常运转的保证，它们绝对不可能为了一个人的脾气而改变，更何况这个人还不一定能为企业带来多大的效益。如果琳琳选择的是新兴创意行业，可能还会有 1% 的机会被接纳。但她的专业能力又不在此，所以她的个性与她的能力是冲突的，既然不能带来效益，那么，凭什么强迫对方接受她的个性呢？

能为他人带来益处或者能创造价值的个性，再怪异也会被接受；毫无生产力甚至给他人带来负面影响的个性，只会受到嘲笑。张扬个性肯定比压抑个性舒服，但是如果张扬个性仅仅是一种任性，仅仅是一种意气用事，甚至是对自己缺陷和陋习的一种放纵，那么，它对你的前途肯定是没有好处的。所以不要让张扬个性成为你纵容自己缺点的一种借口，要懂得人们不会因为你“有个性”而赞扬你有能力，而只会因为你有成绩而赞扬你“有个性”。

Lesson3 能力是剧本，美丽是开场白

智慧关键词：美貌　内涵

内在美与外在美孰重孰轻？这个问题既浪费时间又浪费精力。如果把人生比作一出精彩的戏剧，那内在美就是奠定它内容的基础，而外在美就是最吸引人的开场白。失败的开场白招徕不到观众，失败的内容留不住观众。想要别人带着仰慕的心情来观赏你人生戏剧的精彩，你就必须内外兼修，以综合实力取胜。

鲁豫的一步之差——因为还不够漂亮

爱美之心，人皆有之。我们会欣赏优美的风景，也会欣赏美丽的人。美女总有一种神秘的吸引力，让旁人心甘情愿地听从于她。有个有趣的心理调查显示，漂亮的女医生或者女护士对男病人，可以起到精神上的

辅助治疗效果。这其实也很好理解，不论男人还是女人，看到美丽的女人都会心生向往或者羡慕，总之心情是愉悦的，而舒适畅快的心情的确有益于健康。

这就是美丽的魔力，但有很多人还没有认识到或者不敢承认它的能量之大。于是他们忽视了培养和塑造自己的美丽，也因此失去了好多难得的机会。鲁豫曾经也是一只不起眼的“丑小鸭”，也因为这样错失了一次机会。

鲁豫在北京广播学院（现中国传媒大学）上学时就获得了一个大型英语演讲比赛的第一名，这样的成绩让她声名远播。正巧当时中国民航有一档节目叫《空中博览》，需要找一个外语能力不错的女主持。节目的编导慕名找到了鲁豫，可惜当时的鲁豫全然没有如今的风采，清汤挂面、灰头土脸的她身上一点吸引人的地方都没有，编导们败兴而归。鲁豫自己也明白，不是因为能力不足，而是缺乏吸引力的外表让自己有了一次“美丽的遗憾”。

如今的鲁豫外形清新自然，举手投足间优雅十足。如果当年的她能够有现在一半的风采，那她事业的起点可能就是《空中博览》了。后来的鲁豫开始注意形象了，《鲁豫有约》筹备阶段需要招聘一些编导，她曾经对负责面试的主编和制片人开玩笑说：“当候选人的学历水平一样的时候，一定要以貌取人。”虽然她说这话有开玩笑的成分，但正如她所说的，一个有着得体外表的编导，审美上才不会有问题。

也许“以貌取人”有失公正，但是在现实生活中，大家都自觉或不自觉地这样做着。因为外表美是一个人给他人留下的最直观、最有冲击力的印象。如果可以长久地与人交往，还有可能被人发现自己的内在美，但更多的时候，人与人的交往是短暂的，别人根本没有机会了解你的内在。更可悲的是，有很多人，由于糟糕的外表而使自己失去了被别人深入了解的机会。

有位主管谈过他同事的故事：他的女同事莫妮卡工作能力很强，与同事相处得也很融洽，唯一美中不足的是，她的外在形象实在过于邋遢。她不仅不像其他的白领丽人那样每天为自己化上精致的妆容，甚至连普通的衣着整洁都难以保持。当经过其他女同事身旁时，会闻到淡淡的香水味，而走过莫妮卡的身旁，只能闻到午餐后的油烟气味。莫妮卡不明白为什么自己工作认真努力，好的项目和升迁机会却总也轮不到自己？

这位主管说："其实旁观者都看得出来，正是因为她的外在形象实在很糟糕，而不是工作能力的问题。我们是同事也是朋友，所以清楚她的专业能力。但每次遇到重要的事情想让她接洽时，总会担心客户以貌取人，认为这是一家不注意形象、不专业、不敬业的公司，毕竟公司要注意自身的形象。所以保险起见，还是要派另一位外表优雅得体的女同事接替她。"

所以，无论你是否愿意承认，"以貌取人"是大多数人的识人标准之一，所以外表的修饰和内心的修养一样重要。

在现代社会中，美正在发挥越来越大的效应。在商场，富有商业经验的管理者，会选择漂亮迷人的姑娘作为商场导购人员，美女们甜甜地一笑，总能"牵动"不少人的钱包；在车展，千姿百态的车模们成为会场的宠儿，成千上万的男士们忘情地流连其中，不知道是在看车，还是在"赏花"；更有精明的商人，已经不再停留于靠美女赚钱的阶段，而是大张旗鼓地做起了"美女经济"，他们靠漂亮女人为服装、饰品、化妆品做广告，吸引着无数爱美、要美的女人竞相追逐，而这些女人由此获得的回报又使她们"无法自拔"地沉醉其中。总之，这个世界总是为美人开道，似乎连上帝都更眷顾美人。

所以对于女人来说，良好的形象不仅能够给自身提供自信，还能给别人带来审美的愉悦，既符合自己的心意，又能左右他人的感觉，使自己办起事来信心十足，一路绿灯。美丽是女人的天赋义务，先用外表征服别人，然后让对方慢慢体会你优美的内心世界。

漂亮的没有她聪明，聪明的没有她漂亮

我们在上一节说到美丽的魔力，良好的外表的确能给人带来很多优势。但外表只是“开场白”，它可以成为敲门砖，却不是成功的保证。美国哥伦比亚一家公司曾经做过一项调查，结果显示美女很容易找到办公室文职这样的工作，她们的起薪水平高于其他相貌平平的女子，但是她们很难进入更高层的领域。因为这些领域对能力的要求要明显高于外表。

不够漂亮就会错失机会，但只有漂亮也是万万不行的。就像鲁豫，当年的不修边幅让她错失了机会，但当她懂得修饰自己以后，没有过硬的能力也是很难在凤凰卫视开创一片天地的。鲁豫就是胜在综合素质超强上，比她漂亮的人很多，比她有能力的人也不少，但只有她兼具了美丽与能力，所以才那么耀眼。

金庸在《天龙八部》中描绘了一大批可亲可爱女人的形象，比如大理王爷段正淳四处留情结识的几位红颜知己。武功高强的秦红棉和机智过人阮星竹一碰面就斗智斗勇，结果打了个平手。因为红棉武功虽高，但计谋略逊一筹；星竹虽聪明过人，但武功平平。于是两人刚好平分秋色，如果这份武功和谋略都集中在一人的身上，那对手就难以抵挡了。

武侠小说虽是杜撰，但金庸大师将女人的竞争关系描写得格外透彻。我们从这里引申一下就会发现：单独的优势不算优势，综合的优势才能让你胜人一筹。所以，有了美丽的外表或者有了聪明的大脑都不能保证你脱颖而出，但如果你既聪明又漂亮，还会有谁注意不到你呢？聪明的女人都不如你漂亮，漂亮的女人都不如你聪明，这样完美的你走到哪里都是最抢眼的风景线。

英国伦敦大学一位系主任在谈到一位女讲师时说：“她应聘本系讲师职位时，从她一进门，我就感到她是我所渴望的人。她身上有着某种气质，把她那庄重的外表衬托得越发迷人。只有有高度素养、可信、正直、勤奋的人才有这样的光芒。第一分钟我就定下了人选，30分钟之后，我就让她第二天来系里报到。她没有让我失望，现在她已是最优秀的讲师。”

在众多的竞争者中，女讲师为什么散发出这种气质，系主任说得似乎很玄乎，但聪明人一眼就看得出来，因为她既有过硬的专业实力，又有极富吸引力的外表。这两项优点叠加起来与其他竞争者相比较就显得格外突出了。系主任还有什么理由不选择她呢？

这个时代里，美女太多，有能力的女性也不少。如何在她们中间凸显自己，女性朋友不妨试着从“综合素质”入手，这里的“综合素质”就包括内在和外在两部分。外在就像你的硬件条件，你要修饰好你的面容、保持合度的身材、选择得体的穿着，并且要保持优雅的举手投足。而内在就像你的软件条件，你要积累丰富的学识、懂得为人处世的原则、修炼自己的品性，这样内外兼备的你才是最完美的。

让美丽发芽，你需要耐心播种

时尚达人总是这样告诫女性：“没有丑女人，只有懒女人。”这就是打造美女的首要宗旨。只有你自己像个勤勤恳恳的花匠，才能培育出美丽的花朵。现在就从妆容、穿着、行为举止三个方面来呵护你的美丽吧！

1. 后天的美丽“妆”出来

很难想象，一个蓬头垢面、灰头土脸的女人，能有多少气质美可言。美容界认为，好的肌肤是美丽的基础，完美的妆容是精神美的有效点缀。有些人天生丽质，就算不化妆也光彩夺目。但这样的幸运儿只是少数，很多人都认为自己的长相不够完美：眼睛不够大、鼻子不够高、皮肤不够细腻……而化妆的作用就是掩盖瑕疵，让你看起来更加漂亮。事实上，在很多正式场合，女性化淡妆是一种必需的社交礼仪。

如果你不太会化妆，可以多翻阅一些美容时尚杂志，或者请教一些会化妆的“闺中姐妹”。她们会告诉你一些化妆技巧和窍门，并且在这个过程中你也能够更贴近潮流。一位有名的女化妆师说：“化妆的最高境界可以用两个字形容，就是‘自然’，最高明的化妆术，是经过非常考究的化妆，让人家看起来好像没有化过妆一样，并且这化出来的妆与主人的身份匹配，能自然表现那个人的个性与气质。”所以，一般场合里，淡妆最适宜。如果你每天都浓妆艳抹地出现在别人面前，也很难带给别人美的感受。

2. 女人该懂的服饰物语

不同的服装会带给我们不同的心情，比如穿上一条曳地长裙，会感觉自己像纤纤淑女；穿上旅游鞋和宽松的休闲裤，又能感到年轻与活力。不同的服装可以凸显女人不同的气质风采。而一身得体、整洁、不落俗套的装扮也会为你的形象添彩。其实，懂得了穿衣配饰的规则，即便你没有能力选择那些高价的名牌，也可以显露品位与气质。这里有几个小小的要求。

（1）合适。所谓合适，就是要求在选择着装时要因人而异、因时而异，使所穿服装与自己的身体条件以及所处场合相适应。你要根据自己的身体条件选择服装，才能扬长避短，充分展示个人的最佳形象。

虽然不宜提及女人的年龄，但这里不得不说选择衣饰要与年龄合拍。年轻时可以选择一些鲜艳的色彩搭配，年长时就应该稍微保守，身上的颜色不要超过三种，否则别人很难感受到你的成熟魅力。另外，要考虑肤色，肤色白净者，适合穿各色服装；肤色偏黑或发红者，忌穿深色服装；肤色发黄或苍白者，宜穿浅色服装等。而不同的形体条件也是你选择服装的依据，再好看的服装也要合适你的尺码。记住这一点：没有不好看的衣服，只有不合适的衣服。

服饰搭配也需要适应你所处的场合。比如白领丽人在工作时应该打扮得稍微正式一点，套装会显得正规而庄重，但如果穿着牛仔服、运动鞋或是网球裙去上班，甚至外出办事，就很难给工作伙伴或是客户留下值得信任的印象了。

（2）时尚编辑的建议。以下是著名时尚编辑关于服饰搭配的建议，仔细看一看，千万别撞上了“雷区”。

①不要在凉鞋里穿上肉色的短丝袜，这样的搭配已经属于30年以前的流行。

②一身都是黑色也许能够显出知性、沉稳的风格，但是也该给人一点亮点。一条亮色的围巾、一些晶莹的配饰，会让你显得不那么死板僵硬。

③佩戴的饰品要少而精，别把自己装扮成了“圣诞树”。

鲁豫对服饰搭配也有自己的见解，她认为的“雷区搭配”是白袜子配黑鞋，颜色对比太强烈，有“刺眼”的嫌疑。所以知性美女们在色彩搭配上一定要谨慎。

3. 优雅是你一生应该追求的味道

戴尔·卡耐基曾评价一位女士说：“你的粗俗将会毁了你的幸福。我要告诉你的是，只有举止优雅的女人，才会赢得男人的尊重和爱。”优雅，表现了女人的修养和内涵，她们在举手投足之间，会使人觉得恰到好处，很有分寸。优雅女性的举手投足可能各有不同，但粗俗的举止却千篇一律，让我们来看看哪些是毁灭优雅的举止吧。

（1）语言习惯方面。不注意自己说话的语气，经常以不愉快或者对立的语气说话；应该保持沉默的时候喋喋不休；随意打断别人的话；以傲慢的态度提出问题，给人一种唯我独尊的印象；尖刻地嘲笑别人；在不适当的时候很大声地打电话。

（2）行为举止方面。在公共场合化妆，或旁若无人地摆弄头发；在餐厅吃饭时脱掉鞋子；面对陌生人，用目光随便打量对方。

其实，优雅的行为举止和言谈方式并不是天生的，可以经过后天的

学习和培养获得。所有企业家、政治家、艺术家，他们的言行举止都是经过设计的。一位美国企业家坦然承认：“如果你认识昨天的我，那么你就会说今天的我与昨天简直判若两人。因为我现在的一举一动都经过精心的设计。如果说我们的企业设计有什么标志性的作品的话，那首先就是我。”另一位日本企业家也说道：“我在走向经理岗位之前，公司对我进行了精心的形象设计与培训。因为我要代表一个企业，我必须抛弃原来大众所不认同的东西，比方说一些有个性的习惯等。我为此与形象专家们共同练习了三个多月。”

通过精心设计与练习，丑小鸭也会变成白天鹅。但是提升形象不仅要把外表装饰得很体面，更重要的是借外在表现内涵。内涵的提升需要一个长期不断的修炼过程。你必须从自己本身的条件出发，尽最大的努力，充分发挥自己的特质。外在条件永远是你的助手，只有你才是自己形象的真正主人。

知性美源于书香味

从传统意义上来说，鲁豫算不上国色天香的美女，但她的身上有着一种淡雅的优美感，所以大家称她为知性美人。这份知性正是源于书香味。鲁豫爱读书，这不仅是她工作所需，也是她的日常爱好。浓浓书卷香让她知性优雅、魅力四射。

读书让女人更充实。腹有诗书的女人，好比一坛尘封已久的女儿红，启开来，香气扑面而来，令人迷醉。经典的书籍能让你洞察世事，能让你文采不凡，能让你的身上呈现出一种高雅，一种“可远观而不可亵玩”的清冽。腹有诗书的女人，历久弥新，回味悠长。

有人说：“书，是女人最好的饰品。”林清玄在《生命的化妆》一书中说女人化妆有三层。其中有一层化妆术是多读书、多欣赏艺术作品、多思考，这样可以让女人对生活保持乐观的心态。而独特的气质与修养才是女人永远美丽的根本所在。

我们在这里为你列出知性女人必读的书，虽然这份书单上所列的书远远不够，但是希望愿意修炼身心的智慧女性能从这里开始，在书里发现自己的内在美。

1.《简·爱》

这是一部以爱情为主题的小说，女主人公简·爱是一位生活在社会底层，受尽磨难却不甘忍受社会压迫、勇于追求个人幸福的女性。她倔犟的性格和勇于追求平等幸福的精神值得现代女性学习。

简·爱认为爱情应该建立在精神平等的基础上，而不应取决于社会地位、财富和外貌，只有男女双方彼此真正相爱，才能得到真正的幸福，她的爱情观体现了她的倔犟性格。简·爱其以对爱情执著追求的精神为现代女性树立了良好的榜样。有人说，爱人者是强者。为了追求自己的幸福，现代女性应好好阅读《简·爱》这部世界名著，做一个爱情的强者。

2.《飘》

《飘》的女主人公也是一位坚强、执著的女性，所以这部名著也是女性应该读的，在这部书里，作者玛格丽特·米切尔会教你如何做一个成功的女人。现代女性要学习郝思嘉那种坚强、独立积极的风范，永不放弃，敢于直面现实，与残酷的现实抗争。从某种意义上说，这个世界男人的优势还是明显的，而女性要想在这个世界中成功，就更应该好好读一读《飘》。

3.《红楼梦》

一个女人如果没读过《红楼梦》的话，那太不可思议了。理由很简单，只有看过《红楼梦》，才会明白原来女人是如此哀婉动人，如此仪态万千，如此楚楚可怜，如此冰雪聪明……作者曹雪芹会告诉你什么样的女人才是真正的女人。

豪迈如史湘云，也有醉卧芍药的娇憨；聪慧如薛宝钗，也有花间扑蝶的雅气；唯有幽怨如林黛玉，才有掩埋落花的闲情。《红楼梦》让读者真正领略女人的风采，明白“女人是水做的”这句话的深刻含义。即使势利狠毒如王熙凤，其善于交际、果断坚决、处变不惊的优点也是值得今天的女性学习的。

4.《第二性——女人》

有史以来讨论女人的最健全、最理智、最充满智慧的书。

5.《情人》、《世界上最疼我的那个人去了》

这两本书将向你展现女人爱做梦的本性，女人的梦想意味着一种充满诗意的生活状态。

6.《流动的圣诞节》

通过此书，你会知道为什么小资女人们大多都向往巴黎的生活。

7.《喜宝》

这本书将让你知道，再美丽、再聪明、再练达的女子也逃不过命运的潮起潮落，每个人都应好好把握现在。

Lesson4 蓦然回首，你把梦想丢在了哪里

智慧关键词：梦想　行动力

天生爱做梦的女人，乐于为自己编织最美丽的梦境。而这些梦境大多被时间冲刷得支离破碎。从记忆中找寻这些梦想的碎片，用它们拼出耀眼的现实。你需要一点胆量、一点智慧，还有一如既往的坚持。

梦想有多大，舞台就有多大

梦想应当有多大？这是个不怎么高明的问题，因为没有梦想是小得寒酸卑微的，也没有梦想是大得超过限度的。希望有一条漂亮裙子是梦想，希望自己穿着漂亮裙子登上国家大剧院的舞台也是梦想。梦想是每一个人的权利。

鲁豫第一次在电视上看到著名主持人蔚华时，还是个懵懂的少女。当

她看到蔚华精神洋溢的电视形象时，有了一个梦想——走进电视新闻行业。当她在美国观看了美国著名脱口秀主持人奥普拉的节目时，她的梦想开始变大——她也要有像奥普拉的谈话节目那样的平台。如今，《鲁豫有约》在同类谈话节目中拥有最高的人气和观众支持率，很多的业内人士这样称呼鲁豫——东方的奥普拉。

这就是梦想，梦想需要你尽情发挥。如果你在梦想之前就开始给自己设置障碍，不断地否定和怀疑，那你的舞台将永远没有别人的华丽。相反，如果你坚信自己的梦想，并且为它付出足够的努力，你就会看到梦想的奇迹。不只是鲁豫，所有实现了最初梦想的人都遵循着同样的规则。

你应该知道，在通向梦想的道路上，你会遭遇很多挫折，会有人嘲笑甚至阻拦你，而更多时候，是你给自己的梦想套上了沉重的枷锁。你会受到他人的影响，也会怀疑自己的能力，甚至放弃梦想。那些最终实现梦想的人绝对是心地善良、没有杂念的人，他们不相信别的，只做自己梦想的信徒。

巴纽埃洛斯是一位年轻的墨西哥姑娘，16 岁就结婚了。在两年当中她生了两个儿子，丈夫离家出走，巴纽埃洛斯只好独自支撑家庭。她带着孩子来到洛杉矶寻找机会，什么工作她都去做，然后存下钱与人合作开了个玉米饼店。勤劳又精明的她把小玉米饼店发展成美国最大的墨西哥食品批发商，拥有 300 多名员工。你以为她实现目标了，但她有着更惊人的梦想——提高美籍墨西哥同胞的地位，至少"要有自己的银行"。

起初，抱有消极思想的专家们告诉她："不要做这种事。"他们说："美籍墨西哥人不能创办自己的银行，你们没有资格创办一家银行，同时永远不会成功。"

"我行，而且一定要成功。"她平静地回答。

后来，她和许多朋友在东洛杉矶创建了"泛美国民银行"。这家银行主要是为美籍墨西哥人所居住的社区服务。可是，到社区销售股票时遇到了一个麻烦：人们对他们毫无信心，她向人们兜售股票时遭到拒绝。他们说："你怎么可能办得起银行呢？我们已经努力了十几年，总是失败，你知道吗？墨西哥人不是银行家呀！"

但是，她始终不放弃自己的梦想，坚持不懈。如今，银行资产已增至几千万美元。这家银行取得成功的故事在东洛杉矶已经传为佳话。后来她的签名出现在无数的美国货币上，她由此成为美国第三十四任财政部长。

你能想象这一切吗？一名默默无闻的墨西哥移民，胸怀大志，后来成为美国的财政部长。巴纽埃洛斯的经历告诉我们，梦想越大越好，即使它是梦境般的空想也没关系，因为空想是达成愿望前的第一个出发点。人是有潜力的，当我们抱着必胜的信念去迎接挑战时，我们的潜能就会得到充分的发挥。如果没有梦想，潜能就会被埋没，即使有再多的机遇等着我们，也可能错失良机。

梦想能激发人的潜能。心有多大，舞台就有多大。就像米开朗基罗所说的那样："上帝允许我的成就永远比原来希望的更大。"

别把梦想扔在青春年少时

鲁豫在15岁时对同学说自己"将来会做一个很好的节目，有很大的舞台"。多年后再听人提起此事，她已全然没有印象。她忘记了自己的话，却没有忘记自己的梦想。她的梦想从少年时陪伴她，一直到梦想实现，就像她说的："很多年过去了，我又笑又叫地看着我的同学，不敢相信。难道，这就是所谓的梦想成真吗？"

梦想的魔力是巨大的，但梦想也是最容易被人遗忘的。不管当初的梦想多么绚丽多姿，如果你不紧盯着它，时间会褪去它的颜色。很多人在成长的过程中丢失了自己的梦想，等到垂垂老矣才发现，梦想已被丢在青春

年少时。我们询问小孩子梦想是什么，十个中会有九个回答“将来做个科学家”，但最终成为科学家的往往只有一个。不只是关于科学家的梦想，还有很多梦想被我们遗忘了，只有那些把梦想记了一辈子的人实现了梦想。

有个叫布罗迪的英国教师，在整理阁楼上的旧物时，发现了一叠作文簿，它们是20多年前他所教过的一个班31位孩子的作文，题目叫《未来我是……》。他本以为这些东西在德军空袭伦敦时被炸飞了，没想到它们竟安然地躺在自己家里，并且一躺就是25年。

布罗迪随便翻了几本，很快被孩子们千奇百怪的自我设计迷住了。比如，有个叫彼得的学生说，未来的他是海军大臣，因为他擅长游泳；还有一个说，自己将来必定是法国总统，因为他能背出25个法国城市的名字；还有一个叫戴维的盲学生，认为将来自己必定是英国的一个内阁大臣。总之，31个孩子都在作文中描绘了自己的未来，五花八门，应有尽有。

布罗迪读着这些作文，突然有一种冲动——把这些本子重新发到同学们手中，让他们看看现在的自己是否实现了25年前的梦想。当地一家报纸得知他这一想法，为他发了一则启事。没几天，书信从四面八方向布罗迪飞来。他们中间有商人、学者及政府官员，更多的是普通人，他们都表示，很想知道儿时的梦想，并且很想得到那本作文簿。布罗迪按地址一一给他们寄去。

后来布罗迪收到内阁教育大臣布伦克特的一封信，信中说：“那个叫戴维的就是我，感谢您还为我们保存着儿时的梦想。不过我已经不需要那个本子了，因为从那时起，我的梦想就一直在我的脑子里，我没有一天放弃过；25年过去了，可以说我已经实现了当初那个梦想。今天，我还想通过这封信告诉其他30位同学，只要不让年轻时的梦想随岁月飘逝，成功总有一天会出现在你的面前。”

布伦克特的梦想始终牢记在他的心中，他的很多同学则忘记了当初的梦想。遗忘是梦想最大的天敌，而拖延是造成遗忘最主要的原因。如果你打算用你的白日梦和你从没按时履行过的计划表来实现梦想，等待你的只会是岁月的流逝和机会的擦肩而过。

爱默生曾说："紧驱他的四轮车到别的星球上去的人，倒比在泥泞的道上追踪蜗牛行迹的人，更容易达到他的目标！"当你准备把今天的事情放到明天去做时，你应该想想到底还有多少明天在等着你，到底有多少机会在等着你，今天的太阳明天还会升起吗？

安妮是大学艺术团的歌剧演员。在一次校际演讲比赛中，她向人们展示了一个璀璨的梦想：大学毕业后要在纽约百老汇中成为一名优秀的主角。

当天下午，安妮的心理学老师找到她，尖锐地问："你今天去百老汇与毕业后去有什么差别？"安妮仔细一想："是呀，大学生活并不能帮我争取到去百老汇工作的机会。"于是，安妮决定下学期就去百老汇闯荡。老师紧追不舍地问："你下学期去跟今天去，又有什么不一样？"安妮激动不已，她情不自禁地说："好，给我一个星期的时间准备一下，我就出发。"老师步步紧逼："所有的生活用品在百老汇都能买到，你一个星期以后去和今天去有什么差别？"安妮双眼盈泪地说："好，我明天就去。"老师赞许地点点头。

第二天，安妮就飞到世界顶级的艺术殿堂——美国百老汇。当时，百老汇的制片人正在酝酿一部经典剧目，各国几百名艺术家前去应征主角。按当时的应聘步骤，是先挑出10个左右的候选人，然后，让他们每人按剧本的要求演绎一段主角的对白。安妮到了纽约后，费尽周折从一个化妆师手里要到了将排的剧本。这以后的两天中，安妮闭门苦读，悄悄演练。正式面试那天，安妮是第48个出场的，当制片人要她表演一段节目以展示才艺时，安妮粲然一笑。当制片人听到传进自己耳膜里的声音，竟然是将要排演的剧目对白，而且，面前的这个姑娘感情如此真挚，表演如此惟妙惟肖时，他惊呆了！他马上通知工作人员结束面试，主角非安妮莫属。

就这样，安妮来到纽约的第四天就顺利地进入了百老汇，演上了她人生中的第一个主角。

安妮的故事有几分传奇色彩，但我们从她的经历中懂得，实现梦想不能依靠明天，必须从今天做起。不可拖延时间，更不可为懒惰寻找借口，把每一步都当做是通往梦想的关键一步，奔跑起来。要想改掉拖延的毛病，你不妨采取以下几种方法：

(1) 为自己规定一个期限，但不要暗地里规定，这样很容易被你忽视。要让其他人都知道你的期限，并且期望你能如期完成。

(2) 不要等到自认为万事俱备以后才去做，永远没有绝对完美的事。

(3) 在拖延的时候惩罚自己。例如你今天还是没有按时起床，那么你应该狠狠抽一下自己的脸或是用力扔掉你的闹钟；如果你没能按时完成既定工作，那就取消一顿丰盛的午餐或晚餐作为惩罚。

(4) 不要再使用"希望"、"但愿"、"或许"等词，因为这些词会促使你拖延时间。每当你发觉自己的话里出现了这几个词时，就应该改变自己的话。例如，你应该将"我希望事情会得到解决"改为"我要努力解决这件事"；将"但愿我心情会好一些"改为"我要做些事情，保持心情愉快"；将"或许问题不大"改为"我要保证没有问题"。

梦想也有保质期，不要用拖延让你的梦想变质发霉。永远重视今天，从今天开始行动。只有这样，你才不会在丢失梦想以后为自己惋惜。

梦想是隐形的翅膀，行动才是真实的引擎

面对向她诉说梦想的青少年，鲁豫总是充满了关切，就像看到了当年的自己，而她能给的建议永远都是：有了梦想就行动。

的确如此，我们在前面说了确立梦想、牢记梦想的重要性，但是要想成功，光有这两步还是不够的。要飞往理想的殿堂，梦想只能是隐形的翅

膀，只有你用行动的引擎启动人生客机，这双隐形的翅膀才能发挥真实的作用。

你知道著名品牌肯德基是怎样打入北京市场的吗？刚开始公司派了一位代表来中国考察市场，他来到首都北京，看到街道上人头攒动的场面，内心激动不已，他想“既然中国有这么多人，市场的潜力该多大啊”。于是，他带着美好的憧憬回到公司，总裁还没等他说完自己的“远大梦想”就停了他的工作，另派了一位代表来北京。

新代表与上一位不同，他先在北京几条街道测出人流量，进行大量的实地走访，然后又对不同年龄、不同职业的人进行品尝调查，并详细询问了他们对炸鸡的味道、价格等方面的意见。另外他还对北京油、面、菜甚至鸡饲料等行业进行了广泛的摸底研究，并将样品数据带回总部。

不久，那位代表率领一帮人又回到北京，肯德基从此打入了北京市场。

肯德基进入北京的故事告诉我们，实际的行动才是让梦想实现的关键。一位哲人曾这样说过：“我们生活在行动中，而不是生活在岁月里。”要改变生活，你首先要行动起来，只有行动才是改变你现状的捷径。

为了养成行动的好习惯，你可以遵照以下两点去做。

（1）用自动反应去完成简单的、烦人的杂务。不要想它烦人的一面，什么都不想就直接投入，一眨眼就完成了。

大部分的家庭主妇都不喜欢洗碗，拿破仑·希尔的母亲也不例外。但她自己发明了一套方法来解决这个问题，以便有时间做她喜欢做的事。她离开饭桌时，便带着空盘子，在她根本没想到洗碗这个工作时，就已经开始洗碗了，几分钟就可以洗好。这种做法不是比清洗一大堆堆了很久的脏盘子更好吗？

现在就开始练习，先做一件你不喜欢的工作，在还没有讨厌它之前赶快做，这是处理杂务最有效的方法。

（2）把要做的事情具体化。用一支铅笔和一张白纸把你要做的事情写

下来。铅笔是使你全神贯注的最好工具。潜能大师安东尼·罗宾认为，如果要从“布置豪华、设备完善的办公室”跟“铅笔与纸”中任选一项来提高工作效率的话，他宁可选择铅笔与纸，因为用铅笔与纸可以把心思牢牢放在一个问题上。

把你的想法写在纸上时，你的注意力就会集中在上面。因为人无法一心二用，所以你在纸上写东西时，也会同时将它写在心里。如果把相关的想法同时写出来，就可以记得更久、更准确，这是许多实践已经证实了的正确结论。一旦养成这个习惯，你的思想就会促使你积极行动。

经常会听到一些女性说：“当时若那样做，那我早就不是现在的我了！”这样的言论是很可悲的，行动力就是避免它的唯一途径。行动力也许不能带给你成功，但如果你拒绝行动，就绝对会失败。如同英国首相本杰明·迪斯雷利所说：“虽然行动不一定能带来令人满意的结果，但不采取行动就绝无满意的结果可言。”

Lesson5 心如明镜，不惹尘埃

智慧关键词：美德

容颜的芬芳会随着时间慢慢变淡，头脑的敏捷与睿智也会随着岁月而逐渐隐去昔日的锋芒。只有被美德包裹的内心，无论多久依然会无限地释放着影响力，让见者闻者为之动容。

“英格兰玫瑰”：善良就是我的品牌

鲁豫曾经做过戴安娜王妃葬礼的直播节目，以无限的深情怀念这位美貌与善良并存的英国王妃。戴妃的善良品性带给鲁豫很大的震动，她也在生活中一直感悟这份善良——这就是戴安娜最光辉的个人品牌，它的光芒远远胜过英国王妃的王冠。虽然戴安娜王妃已经逝去了十几年，但她的美好形象长留在人们心中。这朵“英格兰玫瑰”的芬芳，不只来自她的美丽，更来自她善良的内心。

戴安娜王妃在世时热衷于慈善事业，她在萨拉热窝访问战争致残的儿童、毫不介意地与艾滋病人和麻风病人握手、在津巴布韦积极地为难民们分发食品、在纽约拍卖自己的服装以为抗艾滋病和抗癌协会筹款……

12岁的英国著名芭蕾舞童星埃利不幸罹患骨癌，准备截肢。手术前，埃利的亲朋好友赶来探望。他们都安慰她：“别难过，没准会出现奇迹，还有机会慢慢站起来呢！”埃利一言不发，默默地向所有人微笑致谢。她说她唯一的心愿是希望能亲眼见到戴安娜王妃，就像所有的英国小女孩一样，戴安娜是她们的人生楷模。

戴安娜王妃在百忙中抽时间赶来，她把埃利搂进怀里，说：“好孩子，我知道你一定很伤心，痛痛快快地哭吧，哭够了再说。”埃利趴在戴安娜怀里尽情地哭泣，她的内心第一次感到被理解。

这就是戴安娜，善良、温存、善解人意，她独有的、关怀别人的天赋让她给人的感觉永远是那么慈善温柔，极具亲和力，无人能够代替。在世人的心目中，虽然城堡里早已没有了公主，但戴安娜王妃却像从童话中而来，是勇气、善良、爱心的化身，人们永远不会忘记这朵优雅的“英格兰玫瑰”。戴安娜王妃的一生很短暂，但无论是她生前还是逝后，英国人提起她都是会无限尊敬地称她“我们的王妃”。她用善良为自己铸造了最耀眼的个人品牌，这种光耀夺目的品格魅力能经受时间的考验，无论何时都会带给人们精神的关怀和鼓舞，引领更多的人常怀一颗善良的心。

鲁豫很尊敬戴安娜王妃，她本身也像戴妃一样，有着一颗善良的心。2008年，汶川大地震后，面对着镜头里惨不忍睹的灾情，鲁豫数次在新闻主播台上落泪。善良就是这样，当你面对弱者时就会萌生帮扶、救助的愿望。鲁豫和她的团队坐不住了，他们都不愿意在后方播报，而希望到灾情发生的地方去。当时，四川余震不断，但鲁豫一行还是来到了这里，她在废墟上哭泣，用哽咽的声音号召大家团结起来。

她怀着一颗善良的心做着这些事情，但却引来了无数怀疑的声音：一些人在网络上质疑鲁豫身穿名牌在灾区炫耀，更有很多人在一旁起哄，抨击鲁豫的人品。面对这些非议，鲁豫和她的团队感到无比心碎，但他们都没有过多解释，他们的心思都放在如何让大众更多、更全面地了解地震的消息，放在如何履行新闻人的职责上面。

网络上的负面言论终于慢慢平息，鲁豫一如既往地以她的知性形象出现在荧幕上，让更多善良、明理的人明白：善良是一个人自我内心的坚守，是外界的利刃无法毁灭的。

休谟说："人类生活的最幸福的心灵气质是品德善良。"一个心地善良的人，必是一个心灵富足的人，同时，其善良的举动也会带给他人内心的感动和震撼。有时，善良还会给自己带来不可思议的回报。

一个贫穷的小男孩饥饿难耐，他决定向一户人家讨口水喝。开门的是一位美丽的少女，男孩不知所措了。女孩看了看手足无措的他，拿了一大杯牛奶出来。男孩喝完牛奶后问："我应该付多少钱？"女孩微笑说："什么也不用。"男孩怀着感恩的心走了。女孩的善意之举让他感受到了世间的温暖，重燃了他对于生活的信心和斗志。

数年之后，女孩得了一种罕见的重病，她被转到大城市医治，由专家会诊治疗。当年的那个小男孩如今已是大名鼎鼎的霍华德·凯利医生，他也参与了医治方案的制订，并且从病人的病历资料上认出了她就是当年的善良女孩。从那天起，他就特别地关照这个病人。经过努力，手术成功了。凯利医生要求把医药费通知单送到他那里，在通知单上他签了字。

当医药费通知单送到女孩手中时，她不敢看，因为她知道治病的费用将会花去她的全部家当。当她鼓起勇气翻开时，她看到了这样一句话："医药费——一满杯牛奶。霍华德·凯利医生。"

这个世界永远需要善良、善行。我们共同生活在一片蓝天下，如果每一个人都能用善良来对待身边的人，这个世界就会少很多纷争。如同培根

所说：“唯有善良的品格，无论对于神或人，都永远不会成为过分的东西。”

智慧自测题

善良是一种人生境界，善良的人高贵而成熟，你的内心有几分善良呢？做做下面的测试题，发掘内心的善良吧。

1. 跟爱相称的评价，你认为是下列哪一项呢？

A. 无聊的　　B. 束缚　　C. 感情　　D. 信赖

2. 比家人更重要的东西，你认为是下列哪一项呢？

A. 自由　　B. 恋人　　C. 和平　　D. 金钱

3. 请想象你的朋友，你觉得跟你这个朋友能相称的评析，是下列哪一项呢？

A. 亲切　　B. 任性

C. 竞争对手　　D. 志同道合的人

4. 工作能让你联想到的，是下列哪一项呢？

A. 成功的机会　　B. 有干头，有意义

C. 忠心耿耿　　D. 团结一致

★ 评分标准

1. 选 A 得 4 分；选 B 得 1 分；选 C 得 2 分；选 D 得 3 分。
2. 选 A 得 2 分；选 B 得 3 分；选 C 得 4 分；选 D 得 1 分。
3. 选 A 得 3 分；选 B 得 1 分；选 C 得 2 分；选 D 得 4 分。
4. 选 A 得 1 分；选 B 得 2 分；选 C 得 3 分；选 D 得 4 分。

★ 结果分析

0 ~ 4 分：对有利用价值的人，你才会对其有体贴的行动。

非常遗憾，你基本上是属于那种没有同情心、体贴心的人。凡事容易从自己的角度出发来考虑问题，很少顾及他人的感受。生活中，希望你不要忽视对方的立场和心情。一点都不吃亏的人，最终会受到大家的厌弃，损失反而更惨重。

5～8分：你对不如自己的人很有同情心。

你的体贴之心只会用在那些明显不如你的人身上。只有当你判断出自己的确比对方优越时，你才会对对方表现出同情心。你要努力克服这种心态，即使对方是你的竞争对手，在对方遇到麻烦时，你也要一视同仁地给予关心和体贴。只有这样，才能显现出你的坦荡和大度。

9～11分：你在心情好的时候，能够对大家怀着一颗体谅的心。

可以说你也是一个很体谅别人的人。通常在情绪正常或者心情很好的情况下，你会对他人非常温柔。但是一旦遇上麻烦或者倒霉事时，你就会很烦躁，对他人的体贴也就抛到九霄云外了。为了不让心情左右自己的行为，能始终保持对他人的体谅，你还有必要继续加强修养。

12分以上：你会像爱自己那样去关爱他人，能够为他人考虑。

你心地善良，十分体贴他人。你会设身处地为别人考虑，懂得“己所不欲，勿施于人”的道理。甚至有时你会根据别人的需要，把自己的事情先往后推，积极为别人提供方便。拥有一颗善良体贴之心的你，一定是被大家所喜爱和拥戴的人吧！

细腻女人心一样可以宽阔如汪洋

很多人认为女人是小气的，常怀着对人对事的怨恨，学不会宽容。实际上，细腻的女人心同样可以像海洋一样宽广。

《鲁豫有约》所请的谈话嘉宾，身份各有不同，明星、普通学生、网络红人、北漂一族、财富新贵……但他们来到《鲁豫有约》，鲁豫给他们

的是同样的笑容和宽容的态度。他们可以自由自在地说出自己的故事，鲁豫从来不苛责他们，也不把自己当做道德卫士去评价他们的功过对错。《鲁豫有约》的宽容态度跟很多谈话类节目形成了对比，有些节目往往为了获得哗众取宠的节目效果，制造种种噱头，像审讯犯人一样去质疑和拷问嘉宾。而《鲁豫有约》就像一位参加节目的年轻人用说唱音乐所表达的：“嘿嘿，这里有尊重，也有宽容。”

《鲁豫有约》的收视热潮与它的风格不无关系，它像个记录者一样记录着很多人的经历，它不是批评家。每个人都有权利选择自己的生活，《鲁豫有约》怀着同样的宽容对待每一个人。同样地，观众也从中学会了平等、尊重。

不只是鲁豫，还有很多女人以宽容的心赢得了大家的喜爱，这其中首推“肥肥”沈殿霞。所谓心宽体胖就是她的最好写照了。

沈殿霞在香港走红的时候，郑少秋还名不见经传。她不顾舆论压力，全力扶持郑少秋在演艺圈的发展。因为肥胖，医生建议她不要怀孕，但她还是冒着生命危险怀孕生女，可这样的深情还是难以保持他们的关系，十年情感一朝云散。此时，外界有很多同情沈殿霞、谴责郑少秋的声音，但当事人沈殿霞从来没有在外人面前说过前夫一句坏话，甚至在主持搭档曾志伟取笑郑少秋时严厉制止他。

多年以后，沈殿霞在TVB主持的谈话节目《掌声背后》开播，她选择的第一位嘉宾竟然是郑少秋。待节目结束时，沈殿霞突然问郑少秋说：“有个问题好久前就想问你了，今天借这个机会问你一下，你只需回答Yes或是No就行，我和你相处了十几年，你到底有没有真真正正喜欢过我？”郑少秋认真地回答说：“喜欢，我真的很喜欢你！”这句话让沈殿霞笑着流泪了，仿佛一切伤害都没有过，她的笑容如此真心，感动了所有的观众。

肥肥因病去世后，很多观众自发地悼念她，因为她是一个为大家带来过太多欢乐的女人。她的形象曾经屡遭诟病，但她真诚的笑容最终让观众觉得她就应该是这样，胖得可爱，也胖得可敬。因为心怀宽广，所以她能原谅曾经的伤害，那份快乐是从心底迸发的，让她的笑容最真诚感人、毫无虚假。

莎士比亚忠告人们说：“不要因为你的敌人而燃起一把怒火，灼热得烧伤你自己。”富兰克林说：“对于所受的伤害，宽容比复仇更高尚。因为宽容所产生的心理震动，比责备所产生的心理震动要强大得多。”能够宽容别人，不但自己能够及时清空心理垃圾，而且能够得到别人的宽容。如何学会宽容呢？你不妨试试这些办法。

1. 在怨恨以前，问自己“假如我是他（她）呢”

这里的他（她）就是你生气的对象，不妨设身处地地站在对方的立场上想想，也许你会发现自己也有错误，或者对方不得不这样做。看到对方的无奈，你还能够生气吗？

2. 不要把所有人都当成“假想敌”

觉得所有人都在故意伤害你，觉得你是上帝的弃儿，这样的心思是宽容的大敌。大多数情况下没人会故意伤害你，当感到不平时，你不妨温柔地向对方表明你的想法。因为通常对方都不会意识到自己的言谈或者做法对你造成了伤害，如果你告诉了他，他自然会加以改正。

3. 不要给自己和他人制定苛刻的标准

很多情况下，苛责、怨恨都是因为自己或者别人没有达到你的内心标准。这个时候你不要以自己的标准去苛责他人，因为没有一个人与你有完全相同的经历和思维习惯，所以你也不要用自己的观念去评价别人。

智慧自测题

你有一颗宽广的心吗？还是心细地像针尖一样？看看以下测试题吧，每道题你可以有5种选择：A. 从来没有过；B. 很少发生；C. 有时也会发生；D. 时常会发生；E. 时时刻刻有这种想法。

1. 你对别人是否求全责备？

2. 你是否老是责怪别人制造麻烦？

3. 你是否感到大多数人不可信？

4. 你是否会有一些别人没有的想法和念头？

5. 你是否自己不能控制发脾气？

6. 你是否感到别人不理解你，不同情你？

7. 你是否认为别人对你的成绩没有作出恰当的评价？

8. 你是否老是觉得别人想占你的便宜？

★ 评分标准

选 A 得 1 分；选 B 得 2 分；选 C 得 3 分；选 D 得 4 分；选 D 得 5 分

★ 结果分析

8 ~ 10 分：恭喜你，你是个心平气和的可爱的人。

11 ~ 14 分：大多数时候，你能平心静气地对待生活里的小麻烦，偶尔也会因一些小事抓狂，不过无伤大雅！

15 ~ 24 分：你有点偏执，时常会不安和烦躁，如果总觉得环境不顺心，要注意警惕，原因可能在于你自己！

25 分以上：你真的有点小心眼，要学会控制自己，不要“走火”。另外，建议你遇到很大障碍时向心理医生求助，不要让这种不良状态影响你的健康。

命运出错时，坚强是人生天平最重的砝码

幸福的人生是类似的，不幸的生活各有各的不幸。命运不是早就调整

好的精密仪器，它偶尔也会犯错。这个时候，苦难就降临到了我们头上。千百年来，女性似乎成了柔弱的代名词。面对苦难，女人的武器似乎只有眼泪。其实，女人虽不像男人那样有英雄气概、惊天动地，但是在巨大的人生灾难面前，她们一样可以坚强和出色。

2008 年北京奥运会中，一位叫做纳塔莉·杜托伊特的女子游泳运动员赢得了大家的赞赏。不是因为她获得了冠军，而是因为她顽强的性格感动了我们。

现年 24 岁的南非选手纳塔莉·杜托伊特 7 年前遇到了车祸，事后杜托伊特左腿膝盖以下部分被截肢，她从一名仅以毫厘之差无缘 2000 年悉尼奥运会的女子混合泳冠军的希望之星，转瞬之间成为一位肢残者。人们都认为她的运动生涯就此结束了，然而 3 个月后，她重返泳池，开始学习用一条腿游泳。独腿让她很难保持平衡，于是她决定主攻不需要太多依赖打腿动作的长距离游泳。1 年后杜托伊特在英联邦运动会上闯进女子 800 米自由泳决赛；2008 年 5 月，她在世锦赛上夺得女子 10 公里马拉松游泳第四名，一举“游”进北京奥运会。

决赛中，杜托伊特在 25 名参赛选手中最终名列第十六位，但她并不满意自己的表现：“有些失望，我应该能进前五，对于一名久经赛事的选手来说，这是不能原谅的。我不想无偿地得到什么。我是为梦想而来，梦是自己给自己的，而不是别人给的。”

纳塔莉·杜托伊特的形象是北京奥运会中最感人的画面之一，“独腿的美人鱼”让我们看到了坚强所赋予人们的巨大潜力。坚强是一种品性，是千锤百炼磨砺出来的结果，坚强是每一个人在不幸中支撑身心的精神柱梁，是命运出错时最重的砝码。

鲁豫在凤凰台的同事刘海若也是这样一位坚强的女性。海若主持过《时事直通车》，是一位很有风度的主播和记者，深受观众的喜爱。2002 年 5 月 8 日，她与同伴在英国遭遇火车出轨意外，她经英国医院抢救后，一度被判定脑干死亡。后来，医生发现她还能够自主呼吸，脑死亡的结论才被推翻。此时，鲁豫和凤凰同行一起为海若祈祷着，她们相信海若能够创造奇迹，“因为她是这样坚强的一个人”。果然，在顽强的求生欲望下，海若从死亡线上走下来。在康复治疗中，海若也表现出了非同一般的坚强，康复的速度之快让医生都感到惊奇。后来，她重返凤凰，负责凤凰的海外节目。

无论是娜塔莉还是刘海若，她们在苦难面前所表现出来的坚强让所有人崇敬。抱怨人生不公、感叹自己是上帝“弃儿”的人，在这样的女性面前会感到惭愧不已。生活不是设定好的旅途、一切都能尽在你掌握，在你的人生道路上可能存在着挫折甚至灾难，你是选择软弱地承受，还是坚强地面对？命运出错，你不能错，选择坚强，你才为自己的人生天平选择了最重的砝码。

鲁豫说：“我们都不完美，但我们都要体验生命带给我们的冷暖悲喜。”无论是悲是喜，一颗坚强的心就是你最重的砝码。

第二篇

重食人间烟火
——事业是人生之基

千百年来，闺阁束缚了小姐们的步子，而今天，眼界越发开阔的女人们开始知道：世界很大，在家门以外有别样的精彩；人生艰辛，唯有自己拥有一份事业才能打下坚实的基础。她们不再不食人间烟火，而是把梦想投射进现实，开始打造属于自己的职业人生。所以新时代的我们，更应该懂得工作的意义、职场的规则、金钱的内涵。这一篇里，让我们放下虚幻的想象，脚踏实地，认识繁忙、激情、希望无限的职场。

Lesson6 梦想要照进现实

智慧关键词：事业　选择

人们总是说鲁豫是一个知性女人，而这一份知性是观众透过荧屏感知到的。荧屏是鲁豫人生中很重要的一个组成部分，这里有她的事业，有她为之而努力的理由。事业的成功，又为她镀上了与众不同的光芒。如她一般，把梦想投射到现实，从事业中发掘自己的潜力，你会看到不一样的自己。

事业是你人生最华丽的背景

鲁豫在接受采访时曾这样描述自己："我本质是一个必须有事做的人。"很简练，但是精辟。她的确不是能"闲下来"的人，"有事做"是鲁豫的本质，也应该是我们每一个人的本质。

而在以前，人们用"小鸟依人"来描摹女人含羞带怯、温柔可人的形象，这样的女人依附在男人身旁，将男人视为自己最大的靠山。但这种缺乏独立性的姿态并没有将女性的深层魅力解放出来，而且这种依赖于男人的生活态度也让女性感到不安定，从而一生悲苦。

日本著名电影《被嫌弃的松子的一生》中的女主角松子，就是这样一个把自己的希望寄托在别人身上的人。松子是学校教师，天性善良的她为自己的学生顶替偷窃的罪名而被学校开除。因为总觉得父亲偏爱妹妹，她离开了家。后来，松子与一个有暴力倾向的作家同居，受尽折磨却始终不愿意离开他。作家自杀后，松子与有妇之夫冈野发生不伦之恋，她又把希望寄托在情人身上，结果恋情被对方妻子发现后，情人立刻和她翻脸了。

此后松子又经历了好几次恋爱，她每一次都对男人付出自己的真心，希望和对方白头偕老，结果却屡遭抛弃，甚至还给自己带来了牢狱之灾。到了50岁，松子依然是孑然一身，过着单身的隐居封闭生活。她在牢中认识的朋友希望给她一份工作，但她慌乱地拒绝了，因为她对自己毫无信心。当她意识到自己曾经的理发手艺还没有忘却时，她的人生似乎出现了转机。可是命运没有给她机会，她在寻找朋友的过程中遭到一群地痞的殴打，死在了枯竭的河川旁。

松子是一个渴望得到爱的女人，她追寻爱的勇气和决心让人感动，但是她把自己的人生完全寄托在寻找一个可以依靠的男人身上，这就太可悲了。她曾经当过理发师，手艺不错，完全可以凭借它拥有平静、幸福的生活，可惜却为了男朋友放弃了。我们痛惜松子的一生，并且希望这样的悲剧不要在其他女性身上重演。

本书一开始就告诉女人，这是一个“她”的世纪，“她世纪”的女性就要独立。精神上的独立是一方面，物质上的独立也不能忽视。做个职业女性，不把男人当做经济支柱，而把事业作为自己最华丽的背景，这样的女性才能展现出“她世纪”女性的风采。鲁豫和凤凰台的主播们就是这样的代表，她们奔赴在新闻第一线，甚至在炮火纷飞的战场上也能看到她们的倩影。这样的女性用柔弱以外的东西征服了我们，让更多人发现了女性的美。不只是新闻界，各个行业中的精英女性都在展示着她们特有的魅力。

海伦·凯普兰是一个工作中的美丽女人。她小巧玲珑，利落明快，像是可以应付任何事的女人——事实也是如此。她出生于维也纳，在塞拉库斯大学念艺术。和很多女孩一样，她接受了母亲的老观念："女人一定要嫁个金龟婿。"她21岁结婚，后来离婚。她说："我母亲——她代表有同样想法的亿万人——认为我嫁给一位成功的男人，情况将会好得多。在母亲的眼中，如果我逮个金龟婿，才算幸福，这才是成功。我从小所接受的教育是嫁一个成功的男人——而非自己追求成功。我是位分析家，但直到最近我才明白自己是多么轻率地接受了母亲的很多价值观。"

她开始拥有自己的事业，成为一名心理学家。她说："年轻时，我想做一位心理医生，但我觉得自己不够聪明，没资格进医学院。大学时我与心理学家约会，嫁给其中一位。之后我才发现：我要做一位心理医生，而不是嫁给心理学家。"她的工作涉及很多女性羞于提及的"性"，她甚至成为性爱治疗方面的先驱工作者，她所著的《新的性爱疗法》一书让大众重新了解了"性"，专家也对她推崇备至。她说："我在专业上有所成就，工作愉快，追求做一名演说家，有好朋友、乖孩子和一幢舒适的公寓，与世界上任何人都相处融洽。"

大多数成功的女性热爱她们的家庭，也醉心于工作。她们认为工作开拓了她们的视野，给予了她们成就感，挖掘出了她们的潜力，赋予了她们新的身份，使她们得以完善自身。一位作家用略带夸张的语调说道："如果她们停止工作，她们明白，大多数人就什么也不是了，就像一个空洞，如此而已。"这些充满信念的女人甚至把她们的职业看成是她们生活中的支柱。

工作不仅让女人拥有了经济独立权，从根本上脱离了男人的控制，而且也赋予了女人非同寻常的魅力。工作，让女人走出了狭窄的家庭生活空间，让女人的视界开阔，心也随之澄明起来；工作，让女人发现了更能凸显自己个性价值的方式；工作，最能让女人找到自己的尊严。面对一个自尊自爱、自立自强的女人，每一个人都会由衷赞叹她的美丽。

“我必须是你近旁的一株木棉，作为树的形象和你站在一起”，当一个女人以一棵树而不是一株藤的形象站立在男人身边的时候，男人也会不由得被她折服。

穿合适的鞋子，走正确的路

女人对鞋子的热爱有目共睹，但是所有的买鞋人都会先试穿再决定是否购买。因为一双再漂亮的鞋子如果不合脚，穿着它走每一步都会带来疼痛。女人应该为自己选择合适的鞋子，更应该学会规划正确的事业道路。就像买鞋一样，选择了不适合你的事业，你的工作就会变成重负，让你无法轻松喘息。

鲁豫初入凤凰台时主持了一档音乐娱乐节目。娱乐消息、明星八卦不是她的兴趣所在，所以在工作中难以发现什么乐趣，情绪也日渐低落。后来转入《凤凰早班车》做早间新闻节目，必须每天早上四点起床。可是新闻节目是鲁豫所喜欢的，所以在别人眼中看来极其辛苦的生活她也过得有滋有味，并且做出了一番成绩。

这就说明兴趣是我们选择职业的一个很重要的因素。其实，在职场上搭错车的很重要的原因在于不了解自我，不知道自己真正喜欢的是什么。也有的人是因为自己的思维定式，以为自己不是专业出身就不会有前途，不敢轻易尝试自己真正感兴趣但是没有做过的工作。实际上，很多成功者现在干的都不是他原专业方面的工作。高等教育在传授给你专业知识的同时，更重要的是传授给你思考问题的方法。因此，不要以为自己不是专业出身就一定干不过别人。要知道，兴趣是工作的催化剂，它能使你的才能迸发出难以想象的活力。而一个你不喜欢的工作，可能会扼杀你的工作激情。

除了兴趣，你还得考虑一个因素：你自身的能力。

艾玛财会专业毕业，成绩相当优异，并且在26岁那年考上了注册会计师，成为她所在事务所里最年轻的会计师。虽然在别人眼里会计工作枯燥繁杂，但艾玛处理得得心应手。后来，她的一个朋友推荐她去了一家商贸公司做人事经理，经受不住高薪的诱惑，她放弃了会计的工作。

但是，在做经理的那段日子，艾玛觉得十分苦闷，原因在于与同事在一起，艾玛始终无法将自己放到管理者的位置。或许，这便是艾玛的弱点，不善于管理人、支配人，没有一点领导者的魄力。一段时间以后，艾玛业绩平平，她主动向公司递交了辞呈，她对朋友说："比起跟人打交道，我还是比较习惯跟数字打交道。"

不要贸然去干自己不擅长的工作，勉强的结果只能是使自己痛苦。即便是你有兴趣，没有相关的能力也还是不行的。

综合以上所说，女性择业时最好注意以下问题：

1. 性格与职业的匹配

你的事业成功与否，与你的性格密切相关。举例来说，如果你是一个性格内向的人，见人就脸红，说话就紧张，选择销售工作，就难以做成生意，自然不会有好业绩。如果你的情绪易激动，起伏波动较大，控制力较弱，就最好不要从事服务性行业，否则破坏自己心情事小，影响工作效益事大。

所以，在选择职业时，要充分进行自我分析，认识自己的性格，并考虑其与职业是否相匹配。

2. 兴趣与职业的匹配

在选择职业时，不仅需要了解自己的性格，还需要了解自己的兴趣。有的女性，兴趣倾向于情感世界，活跃于人际关系领域；有的人则倾向于理智世界，在程序化的领域自由翱翔；有的人对智力操作感兴趣，对读

书、写作、设计乐此不疲；有的人则对技能操作感兴趣，对摄影、绘画等兴趣盎然。不同的职业需要不同的兴趣特征，一个擅长技能操作的人，靠他灵活的双手，在技能领域会得心应手，但如果硬要把他的工作重心转移到理论探索上来，他就会感到无用武之地。正是这种兴趣上的差异，构成人们选择职业的重要依据。

3. 能力与职业的匹配

在选择职业时，要特别注意能力与职业的匹配，选择你擅长的，或者说选择你的特长能够得到发挥的工作。要注意，很多人往往将兴趣当做特长，其实不尽然。比如你喜欢唱歌，那只是你的兴趣；而特长是你的嗓音、音质等。只有唱歌的兴趣，而你的音质不行，即便你白天唱、晚上唱，也难以成为歌唱家。

选择了合适的职业舞台就像穿上了一双合适的鞋子，让你在人生旅途的行走中更加愉快，让你的人生路越走越顺利。

每个人都要做金牌推销员

很多人在公众场合总是显得十分拘束，难以向别人从容地说出自己的观点，更谈不上释放自己的影响力。鲁豫恰恰不，自信满满的鲁豫总是能在轻松的谈吐中，将自己的观点、意见告诉对方，连学者余秋雨也不得不佩服“这是一个很聪明的女人。”聪明女人的秘诀就是会“推销”。

大多数人一提到推销员就会反感，但其实我们的一生都在做着自我推销。自出生以来，你就一直在推销。小时候，你用哭闹向妈妈推销，接到的订单就是牛奶和妈妈温暖的怀抱；当你稍大一点的时候，你就装模作样，向妈妈推销你的天真、活泼和可爱的天性；当你知道钱可以买东西的时候，你又采取“赖皮式推销法”，一直哭到父母给你零花钱为止；长大后你向恋人推销感情，说服对方相信你能给他带来幸福。

现代社会是一个推销社会，每个人都需要推销，每个人都在从事推销。我们无时无刻不在推销自己的思想、观点、产品、成就、服务、主张、感情等。简单来说，所谓推销就是指说服，它是人类的基本行为。根据推销学的说法，这个世界是一个需要推销的世界，大家都是不同形式的推销员，人人都要推销某种东西，不管你是否喜欢推销。

职业女性，要想在事业上取得成功，就必须善于推销自己。推销自己既是一种才华，也是一门艺术。女性要推销自己，就要做到：

1. 考虑对象

针对不同的对象，应采取不同的方式来推销自己。比如以外表而言，如果你要应聘一家大型公司，庄重感强的套装就是首选，千万不能玩另类；如果你要应聘创意类广告公司，就可以让自己的服装显得更加时尚一点，一个设计感强的配饰说不定会为你加分。

2. 适当表现你的才智

一个人的才智是多方面的，如果你想表现你的口语表达能力，就要在谈话中注意语言的逻辑性、流畅性和风趣性；如果你想要表现你的专业能力，当上司问到你的专业学习情况时就要详细说明，你也可以主动介绍，或者问一些与你的专业相符的新工作单位的情况；如果你想让上司知道你是一个多才多艺的人，那么当上司问到你的兴趣爱好时就要积极发挥，或主动介绍，以引出话题；至于想尽量表现自己的忠诚与服从，除了在交谈上力求热情、亲切、谦虚以外，最常用的方式是采取附和的策略，但你要尽量讲出你之所以附和的原因。

3. 与众不同

这是一种显示创造力、超人一等的自我推销方式。款式新颖、造型独特的东西常常是市场上的畅销货；见解与众不同、构思新奇的著作往往供不应求。

当年，中央电视台的一个导演到北京广播学院挑选《艺苑风景线》的

主持人，鲁豫在一大群主持专业的学生中间毫无优势，一点儿也不起眼。导演让参选者把他当做受访者来做一次访问，鲁豫选择了与众不同的问题：“为什么文艺部的导演都留着大胡子？”紧接着又问他：“与同样年轻有为的大胡子导演之间竞争激烈吗？”问题一个比一个尖锐，导演都有些招架不住了。但是鲁豫这套激进式的访问与众不同，给导演留下了深刻的印象，最终确定选她作为主持人。

4. 学会包装

超级市场的货架上灰色和棕色的包装很少，为什么呢？这是因为这些颜色很暗淡，难以引起人的注意。你要不想成为滞销品，就应当检查自己的包装：服装、鞋子、发型、打扮。要敢于经常改变自己的包装，那常会给人耳目一新的感觉。

生活中有很多女人，虽然外表和能力都不是十分突出，但在事业上也能获得很大的成功，关键是她们懂得包装自己。因此，对于外表，你要确实加以注意，并充分挖掘、利用自己的优势。比如，你可以上高级理发店，梳一个漂亮的发型；可以减掉10斤体重，让自己更苗条些等。总之，你要想尽一切办法，变成一个讨人喜欢，让人愿意和你待在一起的人。

最后要告诉女人，不要害怕推销自己，要告诉自己：“我这个‘产品’如此优秀，怎么会推销不出去呢！”我们都应该是“金牌产品”，更应该做金牌推销员。

Lesson7 凤凰人：我为工作狂

智慧关键词：敬业　责任

态度远胜于能力。职业女性对待工作的态度，是其成功的必要条件。像对待爱情一样对待工作，把职场的每一天都当成你初踏入工作岗位的第一天，满带激情和干劲，还有谨慎与憧憬，你会发现工作也会同样回报给你无穷的乐趣。

敬业——职场人的第一课

凤凰台台长刘长乐概括凤凰卫视的精神时，说了一句话："这是一个疯子和500个疯子的故事。"刘长乐口中的"疯子"指的就是他自己和凤凰的所有员工，而他们的"疯"劲就表现在工作上，敬业到了极端，勤奋到了极致。就像刘长乐所说，凤凰卫视把女的当男的使，把男的当牲口使。

鲁豫主持早间新闻直播节目《凤凰早班车》时，每天四点钟就要起床。而当演播室红色的小灯一亮起来后，她就彻底兴奋了，天天四点钟起床之类的苦楚全都忘得一干二净。而小灯一灭，她就七歪八倒不成人形。陈鲁豫毫不讳言自己是个工作狂，喜欢自己给自己压力。她每天到了电视台，没有人敢跟她搭腔，知道她忙着开工干活，说个“你好”都心疼，觉得浪费了光阴。澳门回归、迎千禧年两次主持，她把一摞一摞的材料抱回家去看。家里地板上分门别类摊满了资料，连下脚的地方都没有，不眠不休地工作才换来了精彩的节目。而录制《鲁豫有约》，不到两年有了500期节目，面对这个数据，鲁豫自己都笑称：“I’m so 牛。”

2008年汶川大地震后，凤凰人的行动比新华社和央视都早。凤凰卫视的一个记者，身上背着50多公斤重的设备到了灾区。当时灾区已经是一片废墟，连食物都成了问题，而这个记者硬是靠一瓶牛奶在大雨中坚持工作了两天两夜。这就是凤凰卫视，可以说凤凰人都是工作狂。正是他们的这种敬业与勤奋，才换来了凤凰的耀眼成绩。1996年凤凰卫视成立不久时，刘长乐提出“3年内成为除CCTV以外全国最有影响力的中文电视台，第4年使凤凰卫视上市”的目标。这番“疯言疯语”居然成真：2000年6月，凤凰卫视在香港挂牌上市，在由世界品牌实验室公布的媒体品牌价值中，凤凰卫视在国内地位仅次于CCTV。

没有刘长乐这样的“疯子”带头，没有鲁豫以及凤凰其他工作者的“疯劲”呼应，凤凰就不是今天的凤凰。我们能从凤凰精神中领悟到的就是：用敬业成就自己的一番精彩，勤奋就是我们最强悍的武器。

一位哲人曾经说过：“世界上能登上金字塔顶的生物只有两种，一种是鹰，一种是蜗牛。不管是天资奇佳的鹰，还是资质平庸的蜗牛，能登上塔尖，极目四望，俯视万里，都离不开两个字——勤奋。”

一个人的成长与发展，天赋、环境、机遇、学识等外部因素固然重要，但更重要的是自身的勤奋与努力。没有自身的勤奋，就算是天资奇佳的雄鹰也只能空振双翅；有了勤奋的精神，就算是行动迟缓的蜗牛也能雄踞塔顶，观千山暮雪，渺万里层云。成功不单纯依靠能力和智慧，更要依靠每一个人自身的勤奋工作。

比尔·盖茨说："懒惰、好逸恶劳乃是万恶之源，懒惰会吞噬一个人的心灵，就像灰尘可以使铁生锈一样，懒惰可以轻而易举地毁掉一个人，乃至一个民族。"如果你对自己的事业抱着无所谓的态度，甚至把懒惰的恶习带入其中，就只能自食恶果。

责任胜于能力

询问任何一位人力资源管理专家，企业选择员工最重要的条件是什么，他都会告诉你，责任感是重中之重。松下幸之助也曾说过："责任心是一个人成功的关键。对自己的行为负责，独自承担这些行为的哪怕是最严重的后果，正是这种素质构成了伟大人格的关键。"事实上，当一个人养成了尽职尽责的习惯之后，无论从事什么工作，他都会从中发现工作的乐趣。在这种责任心的驱使下，工作能力和工作效率会得到大幅度提高，当把这些运用到实践当中时，我们会发现，成功已掌握在自己手中了。

"9·11"事件发生时，鲁豫正在家中休息。当时的她已经工作了很长时间，极其需要宝贵的睡眠。但是在接到台里的电话之后，她又立刻动身奔向了主播台。她说："这样的事件，我怎么能够不在场！"这就是一个新闻人的责任感。事实上，凤凰卫视怀抱着同样理念的记者不止鲁豫一人。

鲁豫的凤凰同事闾丘露薇就是一名责任感颇强的女记者。闾丘露薇是进入阿富汗的第一位华人女记者，后又成为第一个进入伊拉克战地的中国女记者，被人们称为"战地玫瑰"。

2001年，她和3名男士同行踏上了危机四伏的阿富汗土地，成了第一位进入阿富汗作战地采访的华人女性。奔赴伊拉克之前，她曾分析："这次去伊拉克和去阿富汗不一样，阿富汗虽然是战争在进行，但是喀布尔那次是和平进入的。这次到底会不会使用生化武器，会不会使用其他武器，轰炸的时候会不会误中其他地方，都是不可知的。”

于是，有人问她对生命的看法，她说：“生命是非常非常重要的，但是，作为一个记者，告诉大家到底发生了什么样的事情，这是你的职业，这是你的职责。”

对记者这一职业强烈的责任感驱使着闾丘露薇抛开了个人安危，她和同事的报道让观众们及时知晓了事件进展。这朵“战地玫瑰”也用自己的责任意识给职场女性上了生动的一课：在这里，不要把自己当做女人，你要记住的只是你的职责——和所有男性的职责一样。有的时候，你的责任感比你的能力更让人看重。

计算机专业的乔安娜毕业后非常幸运地进入了一家著名的大型软件公司工作。上班的第一个月，因为她刚刚毕业，在学校还有一些离校手续要办理，所以经常请假，加上她住的地方离公司比较远，经常不能按时上下班。好在她专业技术过硬，和同事一起解决了不少程序上的问题，所以上司也没有过多指责她。显然，公司很看重她的工作能力。

学校的事情处理完以后，乔安娜仍像第一个月那样，有工作就来，没有工作就走，迟到、早退，甚至还在上班时间拉同事去逛街。有一次，公司来了紧急任务，上司安排工作时怎么也找不到她，事后，同事悄悄地提醒她，她的一句“没有什么大不了的”让同事无言以对。她认为自己工作能力强就行了，其他的不必放在心上。结果在试用期结束后的考评中，乔安娜虽然通过了业务考核，但在公司管理规章和制度的考核上给卡住了，她只能接受被淘汰的命运。

乔安娜不是败在能力上，而是失败在对工作没有责任感上。很多人认为自己只是公司里的一名普通员工，没有什么责任可言，只有那些管理者才要承担工作上的责任，但是他们没有意识到，每一个普通员工都有义务、有责任履行自己的职责和义务，这种履行必须是发自内心的。一个缺乏责任感的人，首先失去的就是社会对他的基本认可，其次失去的是别人对他的信任与尊重，这样的人当然难以得到重用。而那些能主动承担责任的人，会被赋予更多的使命，有资格获得更大的荣誉。

任何一名员工都应尝试着对自己的工作负责，那时你就会发现，自己还有很多的潜能没有发挥出来，你要比自己往常出色很多倍，你会在平凡单调的工作中发现更多的乐趣，最重要的是你的自信心还会得到提升，因为你能做得更好。

智慧自测题

每个人在这个社会中都承担着相应的职责，你的责任心有多强呢？做做下面的测试题吧。请用“是”、“无法确定”或“否”来回答下面的问题。

1. 你是否坚信有付出才会有收获？

2. 你答应过的事是否能百分之百地完成，尽管困难很多？

3. 你有没有感觉到，现在就为退休以后的生活作经济上的准备是没有价值的？

4. 每次约会你都不会迟到吗？

5. 你会非常坦诚地告诉别人，你是个说话算数的人吗？

6. 你经常成为别人寻求帮助的对象吗？

7. 如果不能马上找到垃圾筒，你情愿把果皮一直拿在手上也不会随手扔掉吗？

8. 大多数时候，你的生活态度端正、勇于承担责任吗？

9. 你是否觉得自己很有爱心和同情心？

10. 你接到别人的来信后是否马上回复？

11. 当你必须早起时，你会提醒家人按时把你叫醒吗？

12. 你会定期看医生吗？

13. 丢东西对你来说是不是常有的事？

14. 你并不十分在意自己将来的发展，是吗？

15. 你经常会想方设法逃避不愿完成的工作吗？比如假装生病。

16. 在单位里拾到一些珍贵的物品，你会把它交公吗？

17. 你总是愿意把工作或学业拖到无法再拖时才去完成吗？

18. 大家都觉得你是一个性格随和的人吗？

19. 学生阶段，你是否有时候不去上课而是去玩？

20. 你是否很难持续地集中精力去做一件事情？

21. 你是否很想过一种简单、真实的生活？

22. 你感到任何工作在开始阶段都是最难处理的吗？

23. 你是否经常喝得酩酊大醉？

24. 你是个整天快快乐乐的人吗？

25. 你是否偶尔有一切只要顺其自然就好的想法？

26. 你觉得“只要是有价值的工作，就能够被完成得很出色”的观点有道理吗？

27. 在评选班长时，你是否一直认为谁当选与自己无关？

28. 在工作或学习中你是否经常粗心大意？

29. 你很热衷写时事评论或热点分析吗？

30. 你很关心自己的身体健康状况吗？

★ 评分标准

1～12题回答“是”得1分，回答“否”得0分，回答“无法确定”得0.5分；13～30题回答“否”得1分，回答“是”得0分，回答“无法确定”得0.5分。

★ 结果分析

15分以上：你是个认真、仔细、稳重、可靠的人，责任心强，值得信任，把任何事情交给你都很放心。

10～15分：如果一切顺利，你会比较尽责地完成任务，但如果遇到麻烦，你可能会选择放弃。

15分以下：你做事不拘小节，随意性强，给人以漫不经心之感，经常爽约，任何让你办的事都可能出麻烦。

激情不灭，把每一天都当做第一天

“骨灰级”的跳槽者都有这样的体会，刚开始接触一份工作时会萌生出激情，但随着时间的推移，斗志被慢慢消磨，甚至产生腻烦情绪，于是想换个环境来改善。事实上，内心不改变，只能让你跌入跳槽的恶性循环中。

激情，是干好一份工作的心理保证。主持《凤凰早班车》时，鲁豫颠倒了作息，凌晨开工，但每天她都精神饱满地对待工作。这份激情也是《凤凰早班车》大获成功的必要条件之一。不仅是鲁豫，成功者的身上都不难看到激情的影子。

一个下午，美国作家威·莱·菲尔普斯去逛纽约的第五大道，突然想起自己需要买双短袜。他随便走进一家袜子店，一个年纪轻轻的少年店员迎面向他走来：“先生，您要什么？”“我想买双短袜。”作家看到这位少年眼睛闪着光芒，话语里含着激情。“您是否知道您来到的是世界上最好的袜店？”作家一愣，发觉自己从来没有思考过这个问题，因为他走进这家商店纯粹属于偶然。

少年麻利地从货架上拖下几只包装不同的盒子，并快速地把里面的袜子一一打开展现在作家的面前，让他鉴赏。“等等，小伙子，我只要买一双！”作家有意提醒他。“这我知道，”少年说，“不过，我想让您看看这些袜子有多美，多漂亮，真是好看极了！”

少年的脸上洋溢着庄严和神圣的狂喜，像是在向作家展示他所信奉的宗教玄理。作家感慨地对那个少年说：“我的朋友，如果你能一直保持这样的激情，如果你能天天如此，把这种热心和激情保持下去，不到10年，你会成为美国短袜大王。”

凭借激情，我们可以释放出潜在的巨大能量，可以让枯燥乏味的工作变得生动有趣，使自己充满活力。永远对工作拥有激情的人，每一天工作都像是第一天上班一样全神贯注。可是要怎样才能保持这一份激情呢？关键就在你对工作的认识上，把工作当做换取薪酬的手段的人，工作只是工作，激情很难保持。而把工作当成自己事业的人，是为自己而工作，这样的动力才能让其长葆激情。

薇诺娜在一家贸易公司工作了一年，对什么都不满意，她对朋友说：“我在公司里的工资是最低的，老板也不把我放在眼里，如果再这样下去，总有一天我要辞职不干。”

“你把那家贸易公司的业务都弄清楚了吗？做国际贸易的窍门完全弄懂了吗？”她的朋友问道。

“还没有！”

“我建议你先静下心来，认认真真地工作，把他们的一切贸易技巧、商业文书和公司组织完全弄通，甚至包括如何书写合同等具体细节都弄懂了之后，再一走了之，这样做岂不是既出了气，又有许多收获吗？”

薇诺娜听从了朋友的建议，一改往日的散漫习惯，开始认认真真地工作起来，甚至下班之后，还常常留在办公室里研究商业文书的写法。

一年之后，那位朋友偶然遇到她，问：“现在你大概什么都学会了，可以准备拍桌子不干了吧？”

“可是，我发现近半年来，老板对我刮目相看，最近更是委以重任，又升职、又加薪。说实话，不仅仅是老板，公司里的其他人也都开始敬重我了！”

薇诺娜很幸运，她只用了一年的时间就深刻体会到了一个人生哲理：只有抱着“为自己工作”的心态，承认并接受“为他人工作的同时，也是在为自己工作”这个朴素的人生理念，才能心平气和地将手中的事情做好，也才能最终获得丰厚的物质报酬，赢得社会的尊重，实现自身价值。

Lesson8 我不是一个人在战斗

智慧关键词：合作 团队

单枪匹马的英雄只出现在虚构的小说里，懂得合作，并善于运用团队的力量才是事业型女性的成事智慧。你应该始终谨记，你不是一个人在战斗。

《鲁豫有约》——光环背后有金牌团队

我们看《鲁豫有约》，只看到知性、靓丽的鲁豫与嘉宾侃侃而谈，看不到演播室外面众多工作人员的紧张准备；只知道《鲁豫有约》一次次被评为最具人气的节目，鲁豫数次获得最受观众欢迎的主持人，不知道这些荣誉的背后还有一个团队的共同努力。就像凤凰台长刘长乐说凤凰是一个“疯子”和500个“疯子”的故事一样，《鲁豫有约》也是一个鲁豫和一个团队共同努力的结果。

在专业化分工越来越细、竞争日益激烈的今天，靠一个人的力量是无法面对千头万绪的工作的。一个人可以凭着自己的能力取得一定的成就，但是如果把你的能力与别人的能力结合起来，就会取得更大的成就。美国通用电气前CEO杰克·韦尔奇说过："我喜欢用富有团队意识的员工，因为在一个公司或一个办公室中，几乎没有一件工作是一个人能够独立完成的。大多数人只是在高度分工中担任一部分工作。只有依靠部门中全体职员的互相合作、互补不足，工作才能顺利进行，才能成就一番事业。"

美国职业篮球联赛，即我们经常听到的NBA，其中的球赛场场精彩绝伦。一些体育评论员甚至这样说过，NBA的总冠军才是当之无愧的世界冠军队，其他国家的球队想要赶超他们恐怕还需要一段时日。

美国国家篮球队就是从NBA中最耀眼的球星里挑选出的佼佼者组成的，这样的一支队伍从前锋到后卫都是身怀绝技、所向披靡的。所以人们也把这支队伍称为"梦之队"。球迷对这支队伍总是充满了期待，认为技艺最高超的球星组成的队伍一定是最厉害的球队，但是"梦之队"的表现往往让大家失望，他们在和别的国家队比赛时，虽然大多数时候能够捧回奖杯，但他们在比赛中的表现远远逊于NBA中的一场普通赛事。

或许很多人会为此不解，其原因就在于这样的"明星拼凑团"并非真正意义上的团队，虽然他们都是最顶尖的篮球选手，但是他们平时分属不同的球队，没有经过长时间的磨合，彼此配合起来很难做到默契。而篮球运动是一项合作的运动，只有全队5名球员互相配合才能完成每一个回合的投篮，并且最终获得胜利。比赛过程中，除了扣篮得分，精彩的传球和配合也是极大的亮点。而没有配合的"梦之队"恰恰缺少了这些。

我们的工作其实与一场球赛有类似的地方，要圆满完成一个任务、达成某项目标需要一个团队的共同努力。这个时代需要英雄，更需要英雄般的团队。就像《鲁豫有约》，自然少不了鲁豫这个有亲和力的主持人，但更少不了制片、主编、编导、后期制作等的齐心协力。所以，在《鲁豫有约》的光环背后，有一个同样光彩夺目的金牌团队。重视团队的力量，才能共同取得最辉煌的成就。

智慧自测题

你是否具有团队精神和团队合作技巧，做做这些测试题吧。设想你是某一个小组的成员，以下每一项都陈述了一种行为，根据自己表现这些行为的频率打分："总是这样"得5分，"经常这样"得4分，"有时这样"得3分，"很少这样"得2分，"从不这样"得1分。

1. 提供事实和表达自己的观点、意见、感受。

2. 从其他小组成员那里征求事实、信息、观点、意见和感受。

3. 提出未来的工作计划，并提醒大家需要完成的任务，以此把握小组的方向。给不同的小组成员分配不同的任务。

4. 集中小组成员所提出的观点或建议，并总结、复述小组所讨论的主要论点。

5. 鼓励小组成员努力工作以完成他们的目标，活跃团队气氛，让大家充满活力。

6. 小组讨论中，要求他人对小组的讨论内容进行总结，以确保他们理解小组决策。

7. 热情鼓励所有小组成员参与，愿意听取他们的观点，珍视他们对群体的贡献。

8. 利用良好的沟通技巧帮助小组成员交流，以保证每个小组成员明白他人的发言。

9. 幽默，会给小组成员讲笑话，减轻小组中的紧张感，并鼓励用轻松有趣的工作方式增加大家一同工作的兴趣。

10. 观察小组的工作方式，利用观察去帮助大家讨论小组如何更好地工作。

11. 促成有分歧的小组成员进行公开讨论，以协调思想，增进小组凝聚力。当成员们似乎不能直接解决冲突时，进行调停。

12. 向其他成员表达支持、接受和喜爱，当其他成员在小组中表现出建设性行为时，给予适当的赞扬。

★ **结果分析**

以上 1 ～ 6 题为 A 组，7 ～ 12 题为 B 组，将两组的得分相加对照下列解释：

AB 两组都不超过 6 分：只为完成工作付出了最小的努力，总体上与其他小组成员十分疏远，在小组中不活跃，对其他人几乎没有任何影响。

A 组得分不超过 6 分，B 组得分超过 18：你十分强调与小组成员保持良好关系，为其他成员着想，帮助创造舒适、友好的工作气氛，但很少关注如何完成任务。

AB 两组得分都在 18 ～ 30 之间：你努力协调团队的任务与维护要求，终于达到了平衡。你应继续努力，创造性地结合任务与维护行为，以促成最优生产力。

AB 两组得分都在 25 ～ 30 之间：祝贺你，你是一位优秀的团队合作者，并有能力领导一个团队。

团队的锁链，每个人都是关键的一环

在我们开始本节以前，先来看这样一个故事吧：

一个魔术师来到村庄，对过往的农人们说："我有一颗汤石，如果将它放入烧开的水中，会立刻变出美味的汤来，我现在就展示给大家看。"

大家觉得很有意思，就提供了木柴、锅、打火石，在村子的小广场上架起了汤锅。魔术师很小心地把汤石放入滚烫的锅中，然后用汤匙尝了一口，很兴奋地说："太美味了，如果再加入一点洋葱就更好了。"人们望着魔术师享受的模样，觉得有希望品尝到很美味的汤，于是立刻有人冲回家拿了一堆洋葱。魔术师又尝了一口："太棒了，如果再放些肉片就更香了。"一个妇人赶快回家端了一盘肉来。"再有一些蔬菜就完美无缺了。"魔术师再次建议。就这样，在魔术师的指挥下，有人拿了盐，有人拿了酱油，也有人拿来了其他材料。

当大家最终享用到魔术师的汤时，他们果然发现这真是天底下最美味的汤。他们央求魔术师把汤石卖给他们，魔术师突然消失了，声音飘在半空中："这不过是我在村口随便捡起来的一颗石子。"

故事虽然是杜撰的，但其中的道理是明晰的。这锅鲜美的汤不是靠汤石，也不是靠魔术师的魔法，而是靠每一个村民的力量做出来的，无论是缺少了洋葱、肉或者酱油等，都无法做出这锅鲜美的汤。每一个人都是关键，这就是故事对一个团队的启示。

《鲁豫有约》是金牌团队，因为有鲁豫这样的金牌主持，更因为有制片、编导、总编、剪辑等一批人团结在一起，为每一期节目群策群力。这其中的每一个人都是少不了的。鲁豫说，她曾经因为一个送片子的编导迟到而大发雷霆，因为对方一个小小的失误就会影响整个节目的运作。每一个人都必须做好自己的工作，她不允许任何人出错。当所有人都保证零失误时，一个团队的效率就上来了。

海尔是世界知名品牌，这个品牌的成功创立，除了得益于张瑞敏和杨绵绵的领导外，还得益于企业每个成员的通力配合。在海尔众多的经典案例中，有一个例子值得一提。1994年，一个德国经销商打来电话，要求海尔必须在两天内发货到位，否则订单自动失效。这就意味着这批货物必须立即装船，而此刻已经是下午两点，如果按海关、商检等有关部门下午五点下班来计算的话，只有3个小时的时间。按照一般程序，想达到那位经销商的要求是几乎不可能的。如何将不可能变为可能，此时海尔人优良的团队精神显示了巨大的能量。调货的调货、报关的报关、联系船期的联系船期，每一个人都全身心地投入到工作中，抓紧每一分钟，使每一个环节都顺利通过。当天下午五点半，这位经销商接到了海尔货物发出的消息。这个原来打算让海尔吃吃亏的经销商不得不开始由衷地佩服海尔的迅捷，还破例写了一封感谢信。

因为每一个岗位的通力合作，海尔才能完成“不可能的任务”，从而奠定它在家电领域不可动摇的地位。

认识到这一点，我们就能从日常工作中发现自己的价值。很多人在底层岗位上做着一些烦琐的工作，这其中的大多数人认为这毫无价值，从而失去了兴趣。但是你有没有意识到，只有你这个环节做好了，团队的其他工作才可能顺利进行。就像一条锁链，再细小的一环出现故障，锁链就会断裂。

很多团队拓展训练中有这样一个游戏，让一个 7 人组成的小组用手传递一串钥匙，要求钥匙要经过每一个人的手，时间要尽可能短。如果用拿着钥匙传递的方法，动作再快也会浪费很多时间，训练师会告诉大家一个很好的办法：每个人把手指弯起来，像握着一个接力棒一样，这样就形成了一个圆筒，把这些圆筒接到一起就形成了一条管道。把这条管道直立起来，钥匙从管道的一头放进去，“嗖”一声就落到了最后。这个办法要成功，每个人都是关键的一环，稍微偏离一下，钥匙就会卡在“管道中”，落不下来了。

既然每个人都如此重要，每一个岗位都意义非凡，那我们还有什么理由轻视自己和自己的岗位呢？要时刻告诉自己：“无论身处何位，我都是不可缺少的关键一环。”

融入和谐团队，你才能如鱼得水

我们在前面两节中一直在讲团队精神和发挥个体力量的重要性，但是

如何才算具有团队精神，并且真正融入一个团队呢？

很多员工培训课程会告诉你大量的方法，其中不乏一些难以弄懂的专业术语。其实要融入一个团队并不复杂，这里就告诉你一些最简单有效的方法，比如学会赞美和鼓励团队中的其他人。

如果一个团队中总是充斥着相互批评、指责，那么这个团队中的每一个成员在工作中都会如履薄冰。一位主管讲述了他们公司如何处理团队冲突的事。

以往的公司会议中，他们总是习惯互相批评。像“因为生产部未按时交货，所以业绩没有完成”，“因质量设计不良，产生顾客抱怨与退货”等很多的“因为你的……不对，所以造成我的……失误”，所以每次会议都会为相互间没有配合好的事争辩不休。

后来情况发生了转变，新到任的总经理在几次会议上当场拍桌子，把正在争辩中的主管们吓了一大跳。总经理说：“从现在开始大家改变报告内容，不要再报告别人有什么错误或缺失而责备别人，在会议中只能报告两个内容：第一，在本周内哪些部门、哪些人对你有什么贡献。第二，检查你自己还有哪些未做好或不足之处，接下来你要如何改进。”

这个命令大家一开始很不习惯，不知道该说些什么。因为大家以前都只关注别人的缺点和自身的优点，所以一旦转换角度，就无话可说了。不过几次会议以后，公司的气氛就转变了。每位主管都注意到别人对他的帮助愈来愈多，表示感谢之外也对自己不足作出检讨，感恩、互相赞美的工作气氛一旦建立，团队凝聚力也就随之增强了。

这位主管得意地说：“这是因为在会议上，对别人表示感谢是肯定别人对自己实质的帮助，对自己的检讨是对自己不足的策励。”但是过了两个月又有进一步的发展，在会议中大家突然发现：如果只有你感谢别人，而没有别人感谢你，那代表什么呢？因此，促使了每个人在注意别人对自己有什么贡献之余，也主动去找机会协助别人，寻找为别人贡献服务的机会，团队凝聚力就在这一过程中逐步形成了。

只是转变一个会议报告方式，就能带来整个团队效能与团队气氛的巨大转变。这就是鼓励和赞美的力量，它们能让一个团队更加和谐，成员之间的合作更加默契。而对于每个人来说，学会真诚地赞美和鼓励他人，就能让自己更容易融入一个团队。除此以外，还有以下一些方法可供选择：

1. 尊重每一位同事

同事间的相互尊重是保证合作成功的基本准则。即便你可能确信你比其他人更有能力，但千万不要时时处处流露出你的优越感。尤其重要的是，你要让他人充分地表达自己的观点，而不要随意打断别人的话，或表现出不耐烦，做到这一点对于合作者正常地发挥自身作用是很有必要的。

2. 学会聆听

许多人以为聆听很被动，只要像呆子般猛点头就可以了，这是大错特错的。懂得聆听的人，会不时把所听到的信息再重复一次，向对方查证其正确性，以避免不必要的误会。确切地说，聆听的艺术是：耐心地听别人讲话，适时给予回应，而且不要听错。

3. 主动承担照顾和培训新同事的责任

如果你的上司工作非常忙碌，你可以主动承担照顾和培训新同事的责任。你应该告诉他们行业规则，并把他们介绍给部门中的其他同事以及本公司其他部门中的关键人物，帮助他们顺利地开展工作，给他们提供公司所能提供的最好条件。这将会让他们确信加入你所在的公司是一个正确的选择。

鲁豫有的时候会跳过制片人，直接对编导说明自己对这期节目的意见。对节目精益求精的她还好几次把年轻的小编导训得“只想哭”，不过这也是爱之深、责之切。在她的建议之下，编导们也逐渐找到了做节目的感觉。平日里，鲁豫会像个大姐姐一样，与栏目组里年轻女孩子们讨论减肥、美容等话题，让她们感到这是一个亲切的团队。

4. 积极参加公司的聚会

积极参加公司的聚会，如舞会、郊游等，有些不爱应酬的人总是避免参加公司的集体活动，这样做对工作绝无益处。因为参加公司的聚会，可借助比较轻松的氛围，跟同事们多接触，了解他们。如果你屡屡缺席，试问谁还会记得你？而且，在悠闲之中，互相沟通较容易。

“善于与他人合作，具有团队精神”，已成为公司在招聘员工时的一项重要标准。团队精神是现代公司成功的必要条件之一，也是一名公司员工获得成功的重要因素。老板眼中的优秀员工不一定是能力最强的员工，但一定是最具有团队意识，能够把自已融入整个团队之中的员工。

Lesson9 职场游戏只属于懂规则的人

智慧关键词：效率　规则

要想在职场游刃有余，你就必须懂一套游戏规则。遵守规则，绕过禁区，你才能够用最小的付出获得最大的收益。职场游戏的规则下人人平等，女人自然也不能例外。

种下芝麻，收获西瓜

写下这个标题主要是想吸引你的眼球，不过也要告诉你，只有学会用最小的投入收获最大的成就，你的工作才能干得更加出色。

这并非不可能的任务，看看鲁豫的成绩吧。《鲁豫有约》是一档长约一小时的访问节目，期间主要是主持人与嘉宾的对话。仅仅一年零八个月的时间，《鲁豫有约》就录制了500集，而且收视率一直维持在不错的水平。难道鲁豫和节目组工作人员都是铁打的吗？当然不是，她们是在向工作要效率，用最有效率的工作换来这一成绩。

并不是投入得越多就会收获得越多，经济学界著名的二八法则也说明了这一点。

1897年，意大利经济学家帕累托偶然注意到英国人的财富和收益模式，提出了著名的二八法则。帕累托研究发现，社会上的大部分财富被少数人占有了，而这一部分人口占总人口的比例与这些人所拥有的财富数量，具有极不平衡的关系，简单来说，就是20%的人占有了80%的财富。

由此衍生发现，一般情况下我们付出80%的努力，也就是绝大部分的努力，却没有创造效益，或者没有直接创造出效益。而我们80%的收获仅仅来源于20%的努力，其他80%的付出只带来了20%的成果。

很明显，二八法则向人们揭示了这样一个真理，即投入与产出、努力与收获、原因和结果之间，普遍存在着不平衡关系。小部分的努力，可以获得大的收获；起关键作用的小部分，通常能主宰整个组织的产出、盈亏和成败。

实际生活中，只要你用心去体会，就会发现存在许多类似的情况：20%的产品或20%的客户，涵盖了公司约80%的营业额；20%的产品或20%的客户，通常占该公司80%的赢利；占公司人数20%的业务员，其营业额占公司总营业额的80%；占出席会议人数20%的与会者，其发言占所有发言的80%；20%的地毯面积可能有80%的磨损；80%的时间里，你只穿你衣服的20%……

也就是说，重要的东西只占了很小的一部分，因此，你只要集中精力处理工作中比较重要的那一小部分问题，就可以解决大部分的问题。二八法则体现出来就是抓住重点，找到解决问题的关键因素。因此，这种思维非常重要。

现代生活的节奏越来越快，似乎我们每一个人都生活在匆忙中，有些人经常把“忙”字挂在嘴上。大家都有这样的经验：从早到晚忙忙碌碌的，没有一点空闲，但当你仔细回想一下，又觉得自己这一天并没有做什么事。这是因为我们花了很多时间在一些无谓的小事上，泛滥地忙碌只会让我们失去自由。

事实上，这样的“忙”只是一种假象，虽说辛辛苦苦，但如果没有忙到点子上，也只能算是瞎忙。有句成语叫做“碌碌无为”，就是瞎忙者的最好写照，“碌碌”就是忙得不可开交，但是“无为”就是没有什么成绩，这是很多人生存的一种状态。忙碌可以让我们的生活显得更加充实，但有些时候你的这些忙碌只是帮你挨过了时间而已。

一些取得成功的人都已经培养出一种习惯，就是找出并设法控制那些最能影响他们工作的重要因素。这样一来，他们就比一般人生活得轻松愉快得多。因为他们已经懂得秘诀，知道如何从不重要的事实中抽出重要的事实，所以他们等于为自己的杠杆找到了一个恰当的支点。只要用小指头轻轻一拨，就能移动原先即使以整个身体也无法移动的沉重的东西。

遵守规则的人才有机会提出要求

刚刚踏入职场的年轻女性总会有这样的想法：“为什么公司的要求这么烦琐复杂”或者“有些规则太强人所难了”等，这些人不愿意遵守规则，最终她们也会被规则“请出局”。

鲁豫最开始到凤凰的时候，安排给她的是一档娱乐节目。鲁豫对这类节目毫无兴趣，以她我行我素的性格，别人都觉得她会拒绝，但出人意料的是鲁豫接下了这份工作。一直希望做新闻和访谈节目的鲁豫接下了娱乐节目，是因为她知道只有先进入凤凰，熟悉凤凰，才能有机会在凤凰的舞台上按自己的想法表演。当然，她成功了，否则也就不会有后来的《凤凰早班车》和《鲁豫有约》。

其他职场也一样，你不能要求你的公司先适应你。一家成熟的公司总有它特定的运作方式，有经过日积月累而形成的特有气质和个性，那便是公司的文化。这种模式是经过多番运作而确定的，一般情况下，它也是最适合这个公司风格的。很多思想前卫的女性刚刚走上职场时，可能会很不适应公司的氛围。她们或者觉得公司太死板，或者觉得太沉闷，总之有这样或者那样的要求和不满。

子君大学毕业后应聘到一家日企工作。刚上班，子君就觉得公司气氛太沉闷，同事们一个个不苟言笑，只知埋头工作。领导也一个个步履匆匆，难得露出一个笑容。她觉得极为憋闷，有心想活跃一下气氛，把公司变成她的第二个欢乐大学。

于是，她开始打扮得很前卫，在自己的位置上边听音乐边工作，身体还随着音乐的节奏摇摆。休息时更是笑声震天，引得几个同事不住地皱眉头。有时甚至连工作时间，她也会通过网络给各位同事发送笑话。

一段时间以后，子君发现环境并没有改观，反倒是同事们都视她为异类。上司把她叫到办公室的第一句话便是：“你对公司有什么意见吗？”子君有点不知所措了。

大多数日本企业讲求秩序井然，分清长幼尊卑，这样的模式让日本企业可以规范地运作。子君却因为不能适应这种氛围而试图使公司变为她喜欢的风格，这种想法未免过于天真和不顾大局。我们不能要求所有的事情全部符合我们的心意，当我们刚进入一家企业时，我们要做的是对公司现有的文化表示足够的尊重，然后尽快融入该企业的文化中去。

假如我们想在一家企业里待下去，并有一个好的发展前景，就不仅要对该企业文化中限制员工、倡导员工做什么有清楚、准确的了解甚至还应从深层次去认识公司形成这种文化的原因。如此，会为我们在企业中寻求适合个人发展的行为模式打下基础。

如果你发现公司的文化确实有漏洞，可以友善地向上级反映，并提出合理的处理意见，这样不仅可以得到上司的赏识，对你融入这个公司也有帮助。切不可用自己的行为去触碰公司文化的规定，那样只会像飞蛾扑火，倒霉的还是自己。

国有国法，家有家规。每个企业都有自己独特的企业文化和规章制度，如果你遵循的话，也许觉不出它的威力；但一旦触及，就会感觉到它强大的威慑力。在此告诫职场女性，尤其是新人：不要因为一时冲动，无视公司文化和规章制度，那样只会使你显得莽撞而不知轻重，并给自己带来麻烦。

承担错误远比寻找借口简单

我们每天都浪费大把时间寻找借口。比如上班迟到了，我们会挖空心思找各种理由，然后费尽心思地想让上司相信。又比如在某项工作失败的时候会不停地抱怨，但你有没有想过当我们抱怨的时候，实际上是在为自己找借口。而找借口的唯一好处就是让自己相信："我做不到是可以原谅的。"

但这种相信是有害的，它暗示自己：我克服不了这个客观条件造成的困难。在这种心理暗示的引导下，你就不会再去思考克服困难、完成任务的方法，哪怕只要改变一下角度就可以轻易做到。

鲁豫与她的团队在错误面前绝对不寻找借口。曾经有一段时间，《鲁豫有约》的字幕中经常出现错字，于是鲁豫和主管们就定下了一个规定"一期节目的字幕中，错一个字主编和编导各扣一千元钱"，这种几近"恐怖"的处罚规则告诉大家"没有借口可以找，只要出错就要承担"。果然，"高压政策"之后，错别字现象就渐渐消失了。

不只是犯错时不要寻找借口，工作中遇到各种难题时也不要寻找理由，让自己产生退却的念头。

巴顿将军在他的战争回忆录《我所知道的战争》中，写到这样一个细节："我要提拔人时常常把所有的候选人排到一起，给他们提一个我想要他们解决的问题。例如有一次，我说：'伙计们，我要在仓库后面挖一条战壕，8英尺（1英尺约合0.3米）长，3英尺宽，6英寸（1英寸约合2.5厘米）深。'我就告诉他们那么多。那是一个有窗户或有大节孔的仓库。候选人在检查工具时，我走进仓库，通过窗户或节孔观察他们。我看到伙计们把锹和镐都放到仓库后面的地上。他们休息几分钟后开始议论我为什么要他们挖这么浅的战壕。他们有的说6英寸深还不够当火炮掩体。其他人争论说，这样的战壕太热或太冷。如果他们是军官，有的还会抱怨不该让他们干挖战壕这么普通的体力劳动。最后，有个伙计对别人下命令：'让我们把战壕挖好后离开这里吧。那个老畜生想用战壕干什么都没关系。'"最后，巴顿写道："那个伙计得到了提拔。我必须挑选不找任何借口就完成任务的人。"

找任何借口都是推卸责任。在责任和借口之间，选择责任还是选择借口，体现了一个人的行事风格和生活态度。借口仿佛一个用温情掩饰的陷阱，能消磨人的斗志，或让你遗忘自己的责任所在。不幸的是，在生活中，我们经常会听到这样或那样的借口。借口在我们的耳畔窃窃私语，告诉我们不能做某事或做不好某事的理由，它们好像是"理智的声音"、"合情合理的解释"，冠冕而堂皇，却常常让我们沉湎于令人腐化的温床，并为此付出惨重的代价。

但也有一些人，无论多么小的责任也会尽力承担，困难再大也不会成为他放弃责任的借口。

不寻找借口，就是永不放弃；不寻找借口，就是锐意进取……要成功，就要保持一颗积极、绝不轻易放弃的心，尽量发掘出周围人或事物最好的一面，从中寻求正面的看法，让自己能有向前走的力量。即使最终失败了，也能吸取教训，把失败视为通向成功的垫脚石。所以，千万不要找借口，不要让借口成为我们成功路上的绊脚石。把寻找借口的时间和精力用到努力工作中，成功属于那些不寻找借口的人！

当自己犯下错误，或者自己毫无过错，而上司、同事、家人、朋友、客户都抱怨的时候，不要去争辩，应当用心去倾听，认真反思为什么会出现这样那样的情况。反求诸己，有则改之，无则加勉。

一旦养成了找借口的习惯，你的工作就会没有效率。抛弃找借口的习惯，你就不会为工作中出现的问题而沮丧，甚至可以在工作中学会大量解决问题的技巧，这样借口就会离你越来越远，而成功将离你越来越近。

频繁跳槽是你简历上的败笔

关于跳槽，一位人力资源部经理说："当我看到申请人员的简历上写着一连串的工作经历，而且是在短短的时间内，我的第一感觉就是他的工作换得太频繁了。这样频繁'跳槽'的人，不能给人一种安全感和信任感。一个什么工作都做不长久的人，让人首先想到的不会是公司的问题，而是他个人的问题：第一，他的工作能力值得怀疑；第二，他对企业的忠诚度值得怀疑；第三，我不能肯定他会在我的公司做得长久。所以这样的人，我们在录用时顾虑就比较多。"

在人力资源经理的眼里，频繁跳槽成了简历上的败笔。选择频繁跳槽的人多是刚步入职场的新人，在遇到工作障碍时，总把跳槽当做唯一的解决方式。事实上，不改变自己只变换环境是不可能让你实现人生的大转变的。

经常有传言说鲁豫要跳槽到 CNN 或者其他知名或者不知名的电视台，对于这些传闻鲁豫只是一笑置之。鲁豫自 1996 年加盟凤凰卫视，十几年来与凤凰一起成长，如今已经是凤凰的"当家花旦"。对她而言，实干才是解决问题的办法，冲动跳槽是恶性循环的罪魁祸首。

我们要谨慎对待跳槽，跳槽存在着择业成本和风险。新单位是否有发展前景，到新单位后有没有足够的发展空间，新单位增长的薪酬部分是否会弥补原来的同事情缘等，在跳槽过程中，员工必须考虑这些因素。这些问题没有弄清楚就贸然跳槽，你就为自己的事业道路增添了更多的风险。

梅沙毕业后来到一家著名的外企工作，工资属中等偏上。一天，她接到了一个神秘的电话，是一家猎头公司打来的，问她愿不愿意去某公司，并且开出了比她当时收入高出两倍的薪水。

梅沙被对方的承诺吸引了，于是向部门经理递上了辞呈，并且交了不菲的违约金，那些钱当时在她看来也就是跳槽后一个月的工资罢了，所以毫不在意。去了新公司，她才发现这家公司在国内只有一个办事处，所谓的员工都是以租借的形式给其他大公司干活，而公司的营利来源就是她们这些人力资源，不过看在钱的分上，她也没放在心上。开始几个月公司很爽快地发薪，她暗暗为自己的明智选择高兴。可是后来慢慢不对劲了，先是工资常常晚到账，而且越来越晚。那时，她又恰好接了一个外地项目，查询不方便，等到她发现公司已欠她 3 个月的工资时，才意识到问题的严重性，可是公司早已人去楼空。她甚至找到位于香港的总公司，没想到依旧是“铁将军”把门。由于公司驻上海的办事处就此撤销，投诉无门，原先的好工作也没了。面对无法挽回的损失，她后悔不已。

当你发现目前的工作无法实现你的人生理想，或者你的优势得不到发挥时，理智地选择跳槽会让你找到更好的平台，否则就只能是得不偿失。但是很多跳槽者根本没有思考、衡量过这些问题，他们在遇到问题时不考虑原因，也不思索解决的办法，而是抱着换个工作试试看的心理跳槽，这样的选择会带来极大的风险。还有一些人只是因为薪酬的诱惑就选择了跳槽，他们也忽略了跳槽的成本以及之后可能的更大风险。所以，跳槽之前请三思。

Lesson10 知性才女也要做财女

智慧关键词：理财　消费

千万别羞于谈钱，金钱本身并没有高尚与罪恶之分。当个知性才女，也不能忘了当“财女”。财女特征有二：一定要有财；一定要会用财。二者缺一不可，共同标注出一个特征显著的财智女性。

有智商不能没财商

高智商的女性不少，但要说高财商的女性就没那么多了。什么叫做财商呢？所谓财商就是指人认识和驾驭金钱的能力，是一种理财的智慧。通俗地说，高财商的女性既要会赚钱又要会花钱。

鲁豫可以算得上是财智女性之一了。作为《鲁豫有约》的当红主持人，她身价不菲，凭借良好的公众形象，很多广告中也常可见到她的身影。此外她还涉足其他媒体类型，拥有自己的电子杂志《豫约》，还出版了自己的回忆录《心相约》。这些收入加起来，鲁豫也能算得上是个小富婆了。除了会赚钱，她还乐于消费，像其他女性一样热爱服装，并且有自己喜欢的品牌。不过这个小富婆也并非花起钱来毫无节制，她在《心相约》中提及自己和朋友冲动购物后反省自己“神志不够清醒”。鲁豫的财智心得并非是要为自己积攒丰厚的财富，而是赚足够的钱，过自己喜欢的生活。

其实，我们中大部分人并不能成为家财万贯的富翁，但金钱对于每一个人来说都是不可缺少的。很多心思单纯的年轻女孩认为只要提到钱，就变得庸俗了，远离了阳春白雪。事实上，金钱是一种生活工具，它本身没有高尚和庸俗的属性，它只是人生不能缺少的一种工具。

现实生活中，没有钱寸步难行，但有了钱而不去合理地消费，再多的钱也是没有意义的。只有用钱来制造快乐，钱才能实现它的真正价值。正如托尔斯泰所言：“财富就像粪尿一样，堆积时会发出臭味，散布时可使土地变得肥沃。”

安妮和弗兰克有 5 个孩子，经济拮据。但是，他们每逢假日都会去滑雪。为此要购置 7 双滑雪板，7 双长靴，7 副撑杆及每人的滑雪衫，还要付来回的车费等其他开销。邻居们都认为安妮和弗兰克一家简直是疯了。十几年后，一位邻居又碰到安妮，她的孩子们都各自成了家。“当然，我们那时过着清寒的日子，”安妮说，“但最近，一个儿子在来信中说，他怎么也忘不了小时候滑雪时的快乐。”

一笔有限的收入有两种安排法：精明人往往精打细算地将衣食住行小心翼翼地考虑进去，虽然事事顾全了，但最终觉得毫无惊喜；而聪明人会把钱花在自己喜好的事情上，如果难以做到兼顾的话，他们常常先满足重要的方面，而在其他的方面“克扣”一下。

并不是说快乐只能用钱换来，但如果你能用钱换来快乐又何乐而不为呢？当然我们不是在宣传一种纸醉金迷的生活，而是让你学会利用钱。在一定的储备之外合理地运用钱改善自己的生活，不做守财奴，做真正懂得生活、把钱花在刀刃上的人。

智慧自测题

看看你的财商有多高，下面是一些专家根据100名富豪的成功经验编写出的财商综合测试。

1. 你认为你目前是否具备可以取得事业成功的能力？

A. 没有　　B. 还差一点　　C. 完全有

2. 你认为你的经商智能达到了什么水平？

A. 低　　B. 和普通人一样　　C. 很高

3. 你懂得炒股吗？

A. 不懂　　B. 略知一点　　C. 很懂

4. 你的创新能力怎么样？

A. 很低　　B. 和普通人一样　　C. 很强

5. 你会为了财富去冒险吗？

A. 不会　　B. 不能确定　　C. 会

6. 你的克制力怎么样？

A. 很差　　B. 还行　　C. 很强

7. 你认为你具备百万富翁的形象素质吗？

A. 不具备　　B. 具备一部分　　C. 完全具备

8. 你认为你具备百万富翁的气质吗？

A. 不具备　　B. 具备一部分　　C. 完全具备

9. 你干任何事都会立即行动吗？

A. 不会　　B. 看情况　　C. 会

10. 你嫉妒有钱的人吗？

A. 不会　　B. 有一点　　C. 会

11. 你认为你具备和别人竞争的实力吗？

A. 不具备　　B. 具备一部分　　C. 完全具备

12. 你认为你充分利用了你的大脑吗？

A. 没有　　B. 还差一点　　C. 十分充分

13. 你相信你能取得很高的成就吗？

A. 不会　　B. 不知道　　C. 会

14. 你会为自己没有钱而感到焦虑吗？

A. 不会　　B. 有一点　　C. 不会

15. 你认为你的能力倾向于哪一方面？

A. 一般工作　　B. 研究性工作　　C. 创造性工作

16. 你对财富有恐惧心理吗？

A. 有　　B. 和普通人一样　　C. 没有

17. 你认为你的创富潜质怎么样？

A. 很低　　B. 一般　　C. 很高

18. 你干任何事都是为了钱吗？

A. 不是　　B. 有时候是　　C. 完全是

19. 你能正确处理金钱吗？

A. 不能　　B. 和正常人一样　　C. 能

20. 你认为你的应变力强吗？

A. 不强　　B. 和正常人一样　　C. 很强

21. 你认为你的沟通能力强吗？

A. 不强　　B. 和正常人一样　　C. 很强

22. 你十分了解金融词汇吗？

A. 不了解　　B. 了解一些　　C. 完全了解

23. 你会正确处理与上级之间的关系吗？

A. 不会　　B. 还行　　C. 特别会

24. 你具备领袖素质吗？

A. 不具备　　B. 具备一些　　C. 完全具备

25. 你对任何事情都能作出正确决策吗？

A. 不能　　B. 有时能　　C. 完全能

26. 你会管理金钱吗？

A. 不会　　B. 还行　　C. 很会

27. 你认为你的管理能力怎么样？

A. 很差　　B. 一般　　C. 很强

28. 你具备一个企业领导者的素质吗？

A. 不具备　　B. 具备一些　　C. 完全具备

29. 你对目前的工作满意吗？

A. 不满意　　B. 还行　　C. 十分满意

30. 你认为你的财富素质高吗？

A. 很低　　B. 一般　　C. 很高

★ 评分标准

选A得2分，选B得3分，选C得4分。

得分在100～120分，A型。

得分在80～99分，B型。

得分在80分以下，C型。

★ 结果分析

A型：你的财商很高，你现在要做的就是付诸行动，创造更多的财富。

B型：你的财商还处于普通人的水平，要想比别人拥有更多的财富，

你首先必须提高你的财商。因此，你现在还须努力提高自己。

C型：你的财商比较低，现在的你或许还比较贫穷，并且对自己没有信心，但是，你要知道，只有努力才能创造财富，你必须从各方面努力提高自己。

不过，最后要记住的是，测试结果并不能证明你的能力，潜力是无穷的，即使现在还看不出，也不要低估它的作用。挖掘自身优势，多给自己一点时间，你的财商可能远远超过你的预计。

简约生活从“俭约”开始

在紧张的生活中，每个人都有权利用自己的努力所得换取舒适的生活。但是，我们也不能忘记了克制和勤俭节约。想要过安稳的生活，最好能有收支平衡作为保障。生活中的大多数人，都像是提着两个水桶走路的旅者，任何一个水桶倾斜了，都不是好事，尤其是当那个倾斜较明显的桶上标示着“支出”两个字时。

勤俭节约、量入为出是中华民族的传统美德。在金融危机席卷全球的今天，省钱就是一种创富。那么，如何省钱呢？不妨借鉴下面几招：

（1）制订合理的购物计划。购物一定要有计划，购物无计划等于给存款判死刑。你的购物清单上，所列举的90%应当是必需品，也就是非买不可的东西。你在写下自己的购物清单时多问问自己：“这是必需的吗，可以不买或者延后吗？”如果肯定，那么就大胆地写下来。但是如果你发现你买这件东西只是出于一时冲动，就尽量不要买。

（2）提前预算。如果你不提前做预算，就很可能从一个财务危机走向另一个财务危机。我们并不反对用信用卡透支消费，但你必须从自己的还贷能力出发考虑你的消费计划，最好是能够提前为各项开支做好预算。

（3）不花费超过信封内总金额80%的钱：每个月把家中的钱放入一个个信封，分别用于买食物、衣服、汽油、付房租等，而且除非特殊情况不要花费超过信封内总金额 80%的钱。

拥有能够赚钱的事业，懂得如何用适量的金钱改善自己的生活，这是新时代女性应该有的财商。听起来简单，做起来未必。

现实生活中，很多女性就是因为没有意识到这一点，所以总是让自己的钱在不知不觉中花掉。

于娜和李丽是一对好朋友，有一次两人相约去逛街。刚巧一知名品牌的衣服正在特价销售。于娜钻进衣服堆里开心地“杀”红了眼，东挑西选地拿了一大堆，但是李丽逛来逛去，却只拿了一件经典款式的小衣服准备付账。

于娜很惊讶：“你就买了一件？”

“嗯，我想存点钱买套房，所以得省一点。”

“可是现在很便宜呢，买了很划算！”

李丽还是摇了摇头。

多年后，李丽用节省下来的钱从一间小套房开始投资，到现在买卖过五套房子以上。由于这几年房价狂飙，才年过 30 岁的她，已成一位名副其实的富婆了。反观于娜，依然守着每个月几千块的薪水捉襟见肘地过日子。

辛苦赚来的钱，当然要能为自己的幸福加分，美丽的女人懂得投资在外，聪明的女人懂得投资理财。要想做一个又聪明又漂亮的女人，就要学会好好掌握自己努力赚来的辛苦钱，简约生活“俭约”开始。

理财——财智女人基础课

《鲁豫有约》有一期节目讲述“财富新贵”的故事，这是鲁豫自己很喜欢的几期节目之一。“财富新贵”就是一群 20 出头，但身家资产不菲的年轻人。鲁豫喜欢听他们的财富故事，也希望更多人能像他们一样，拥有对财富的敏感性，并且很好地掌控自己的财富。因为财富是我们一直在追求的，并且是人生不可缺少的组成部分。

先来看看这个假设：假如人一生能活 100 岁，一般情况下前 20 年是享用父母的钱，65 岁之后是退休阶段，便不再创造财富了。所以我们创造财富的时间只有 40 年左右。在这期间，我们还要承担赡养父母和养育孩子的责任。

中青年时期是我们积累财富的黄金时段，也是理财的最佳阶段。理财越早越好，理财习惯最好从小就养成，女人更是这样。理财是一种生活习惯，哪怕自己得到的是一分钱，也要清楚地知道这一分钱将如何使用。当你能够坚持不懈地进行投资，哪怕每日、每周、每月、每年获得的回报只是很少一部分，坚持下去，时间也会让你轻松成为一位富翁的。

白领一族的王慧已经工作两年了，现在的月薪是 5000 元。除去租房和吃饭的开支，每月还能剩下 3000 多元，可她每到月底就要向朋友借钱。她的同学中许多人没有她挣得多，却从来没有借过钱，反倒是她总向人家借钱。原来，王慧只会努力挣钱、享受生活，以为这样自己就可以富起来，却从来没有考虑过如何理财。晚上熬夜看电影，第二天起不来只好打车上班。不喜欢吃公司的食堂，一到中午就出去吃。每次去商场从来不带现金，都是刷卡。每个月都是这样，她从来没有理财的概念。正是因为这样，工作两年了，她都没有任何积蓄。

学会理财，是成为财智女人的首要课程。分析一下女人的消费心理，大多属于冲动型，经常会有意外的花费，尤其是在面对一些服装、首饰等物质诱惑时。所以作为女人，要时常“打理”自己的存折，运用不同的方式来打造自己的“黄金存折”，比如将一部分钱作为定期存款，一部分购买保险，或者定期定额购买基金作为稳定投资；另一部分拿去做短线投资，这样不仅有机会赚取高额的回报，还不至于在一夕之间花光所有的钱。

女性要管理好资产，必须把握两个原则：

第一是资本原则，也就是你要积累资金用于投资。要想积累投资资本，就要开源节流。大多数人都很重视开源，但却往往忽视了节流的重要性。很多人总是觉得钱不够用，等收入增加以后，必须花钱的地方也随之增加，结果永远无法积累起投资的资本。因此，学会理财的第一个要点就是：你是否能够量入为出，积累起投资的资本。

第二是复利原则，也就是要把所赚到的钱再进行投资，让钱再生钱。大多数人往往会低估复利的收益。假设你现在有 1 万元用于投资，每年的投资收益是 25%。如果是按单利计算的话，3 年后，你总共可以赚到 7500 元。但如果你每年都把赚到的钱再用于投资的话，那 3 年后你总共就可以赚到 9531 元，这多赚的 2031 元就是在这 3 年里你的钱所生的钱。

从 3 年时间来看，复利与单利相比差额并不是很大，可时间长了，差异就会变得非常大。比如上面的例子，30 年后，如果是复利，最初的 1 万元就会变成 800 多万元，而单利的话，就只有 8 万多元，差距之大一目了然了。

理财的这两个原则很简单，概括起来就是要量入为出，尽快地积累起投资的资本；尽早投资，哪怕是有限的收益率，假以时日，你就能获得可观的收入。

除了懂得这两个原则，女性还必须懂得规避风险。因为女性很感性，在理财中会有感情用事、目标模糊、遇事不果敢的时候。像在股市中，很多女性赚得一定利润时不懂得适可而止，蚀本时也不懂得当机立断，出现这种情况往往都是因为投资者工作过忙，不能时刻留意财经消息，或对股市变化莫测的规律缺乏认识，对股市不太关心，因此在遇到股市波动时就不知道该如何处理了。所以，女性在实施自己的理财投资计划前，还需要注意下述问题。

首先，要细心了解自己现有的经济状况，包括收入水平、支出的可控制范围，以及自己希望在短期（1 ~ 2 年）、中期（3 ~ 5 年）或者长期（5 年以上）内看到的情况，根据可以判断的条件，制定一个目标，而目标一旦定好了，就不要再更改。

其次，你需要明确风险底线：任何投资都是有风险的，要明确当遭遇风险时自己能够接受的蚀本程度是多少，明确这个目标是为了面对不测的风险时作出果断的决策。

最后，也是最重要的，你必须对自己投资项目越了解越好。多留意财经信息，多听专家意见，同时还要学着判断资讯及他人意见，结合自己情况进行取舍。不要人云亦云，因为跟风是很危险的。

智慧自测题

对于投资理财，你属于哪种类型呢？是激进型、稳健型，还是保守型呢？做完下面的测试便知道答案了。

1. 逛街时，你看中一款上衣，但你喜欢的颜色缺货。导购告诉你，在其他连锁店可能也有，但不能保证有没有，你会：

A. 马上赶到另一家连锁店。

B. 买下手中的裙子。

2. 你即将有12小时的飞行旅行，而包里只放得下一本书。你要在两本书之间进行选择，其中一本书是你最喜欢的作者的书，但他最近出的书令你相当失望。另有一本热门的畅销书，可除了畅销之外你对它一无所知，你会：

A. 选择畅销书。

B. 选择你喜欢的作者的新书。

3. 你去买现在正火热上映的电影票，你要买9：00的票，小姐却告诉你票已经卖完了，只剩下午夜场的票。她还告诉你，9：15在小厅有一个新电影上映，不过你没有听过那部新电影的名字，你会：

A. 购买新电影的票。

B. 买午夜场的票。

4. 在你选完自己心仪的电脑后，店员告诉你，如果你买销售展示用的电脑可以打8折，全新的电脑是没有折扣的，你会：

A. 选择打 8 折的电脑。

B. 选择全新的电脑。

5. 你失业在家已经很久了，现在终于获得了两个工作机会。其中一个工作薪水比你以前的高得多，但必须承受非常大的压力，而且工作要求很高；另外一个工作的薪水一般，却相当轻松愉快，你会：

A. 选择高薪，压力大的工作。

B. 选择低薪，压力小的工作。

★ **评分标准**

以上各题选 A 得分，选 B 不得分。第 1 题 1 分；第 2 题 1 分；第 3 题 5 分；第 4 题 10 分，第 5 题 1 分。

★ **结果分析**

0 ~ 4 分：储蓄型投资

存住每一分钱，避开所有风险是你的首要目标。如果你已经有一个大笔资金的动用计划，如购车、买房等，在此之前就必须做一个储蓄型的人。比如，你计划在近期买房，就不应该将购房款投资在任何具有风险的商品上，而抱着再赚一点的幻想。你的投资领域只限于国债和储蓄。

5 ~ 10 分：投资型投资

你愿意承担一定风险，以获取比储蓄更高的利润。你的成功在于：维持一段长时间的固定持有，好让投资目标的价值增长。一般而言，投资时间越长，越有机会获得较高的利润。你应该以投资中度风险的金融产品为主，如股票和债券。

11 ~ 18 分：投机型投资

你愿意冒较大的风险，以求短期内获得预期的巨额利润。你应当尽快熟悉股票等高风险的投资产品，积极参与进去。

第三篇

人生的诺亚方舟
——你不是唯一的乘客

神话里，诺亚方舟载着最初的人类和其他生命避开洪水的侵袭。在这艘为人类留下希望火种的生命之舟里，你不是唯一的乘客，所以你不可能一个人活在这世界上。无论是亲人、朋友，还是素不相识的人，人与人之间总是有着千丝万缕的联系。与人交往，是你应该终身学习的课题。

Lesson11 友情是相知，味甘境又远

智慧关键词：朋友　闺密

有一个诗人这样写道：“仅用相思情太浓，仅用相识意太淡，友情是相知，味甘境又远。”如果人生没有相知的友情，该是多么暗淡而无味。天性怕寂寞的女人们，请珍重你身边的友谊吧，才能为你丰富出甘甜悠远的人生之境。

储蓄友情是你一生的功课

鲁豫在《心相约》中多次谈到了自己的同事兼朋友。主持人的工作是辛苦和繁忙的，但和这群朋友在一起，生活便多了几分乐趣。有些时候，友情还能给人以精神上的极大支持。就像鲁豫与窦文涛一起在莫斯科主持申办奥运会的现场直播时，由于合作方突然撤离，他们的工作陷入了困境。经过大家的努力，直播工作终于走上正轨，他俩合力将一场直播圆满地呈现出来。而鲁豫望着身边的窦文涛，才突然感到了踏实，因为他们既是合作默契的同事，更是心灵相通的朋友。

友谊对人生而言是不可或缺的。如果没有友情，生活将缺少悦耳的和音。在没有友情的人群中生活，那种苦闷不言而喻。心灵犹如一片荒漠，友谊却如甘露，可令沙漠生出绿洲。纪伯伦说过："你的朋友能满足你的需要。你的朋友是你的土地，你怀着爱而播种、收获，就会从中得到粮食、柴草。"

美国作家爱默生曾说："友谊是人生的调味品，也是人生的止痛药。"友谊一旦破坏了，连爱情也不能使它恢复，所以我们一定要重视友谊，珍惜眼前人。

正如马克思的一句名言："人的生活离不开友谊，但要得到真正的友谊是不容易的；友谊需要用忠诚去播种，用热情去灌溉，用原则去培养，用谅解去护理。"储蓄友情，是我们一辈子的功课。对于女人来说，如何为自己储蓄丰厚的友情呢？做到下面八个"不"吧！

1. 不斤斤计较

友谊是给予与奉献的结合体，它应该是无私的。与朋友相处时斤斤计较，唯恐自己吃一点亏，在荣誉面前你争我夺、互不相让。这种有利必争、有荣誉不让、有责任便推的人，是很难结交到真正的朋友的。

2. 不苛求别人

为人过于精明、过于苛求，是很难交到知心朋友的。对朋友身上的不足和缺憾，我们应该抱着宽容的态度，真诚地互相理解、互相支持、互相帮助，取长补短，共同进步。

3. 不虚伪嫉妒

在交往中，再没有比虚伪和嫉妒更可憎可恶的了。有的女性明明知道朋友有缺点、有错误，却还一味恭维吹捧，名曰维护团结；朋友有了成就，有了进步，超过了自己，便妒火升腾，暗地里咬牙切齿；在情场上，也往往喜欢争风吃醋，互相攀比，闹得不可开交。这样的人，只会使朋友渐渐远离自己。

4. 不亲疏分级

现实生活中，有些女性交友完全是实用主义，以亲疏分等次，以尊卑论级别。凡于己有利者，则热情相待、交往甚密；于己无利者，则冷眼相待、视为路人；对有地位、有权势的朋友，笑容可掬、十分巴结；对一般同事，则态度较冷、敷衍塞责。作为有修养、有素质的年轻女性，我们对这种庸俗的实用主义交友观应予以唾弃和指责。

5. 不过河拆桥

生活中，往往有这样的女性：当她们身处逆境时，对真心关怀与帮助自己的朋友感激涕零；一旦自己的地位变了，发迹了，有名有势了，便会对昔日帮助过自己的朋友一反常态，怠慢、冷漠，甚至把朋友拒之门外，这是非常不好的。

6. 不要言而无信

女性对朋友应讲求诚信。说话算数，说到做到，这是交友的基本准则。在现实生活中，把承诺视为儿戏，言而无信的女性永远不会拥有真正的朋友。

7. 不自命不凡

虚怀若谷、谦和谨慎的女性，能够广交朋友，获得他人的信任和好感；孤芳自赏、自命不凡的女性，则会使人敬而远之，令人反感。

8. 不要不拘小节

女性在交友时，应该重视细节。对待朋友不拘小节是一种很不好的习惯。有些女性向朋友借钱，自以为数额不大，便久借不还；有些人去朋友家做客赴宴，总是盯着几盘好菜不放，嘴里还念念有词，“好吃，好吃”；有些人与别人交谈总喜欢打岔争辩，不甘示弱……这种不注意小节的不良习惯，不仅会损害自己的社交形象，久而久之，还会使人感到厌恶。

鲁豫的闺密——“狗日的”许戈辉

闺密，一个多么亲切的称呼。所谓闺密，就是女人最亲密的女性朋友，闺中密友的意思。对于充满感性、心灵世界丰富多变的女性而言，闺密的作用往往比恋人或丈夫的作用还要大。

男人之间也有坚固的友谊，他们好像无所不谈，但其实他们会尽量避免谈论个人生活和感情纠纷。而闺密之间就刚好相反，她们总是乐于互相倾听对方的小秘密，互相发牢骚。而且，闺密总会在你不在的场合下毫不犹豫地代表和维护你的利益，在听到有可能对你造成不利影响的流言飞语或无耻谎言时，坚决地予以制止和反驳……在你哭泣的时候，她们替你哀伤；在你欢乐的时候，她们为你祝福。

鲁豫称呼自己的闺密许戈辉“狗日的”，这个不雅的称谓被她们叫了许多年，和“亲爱的”是一个意思。只有闺密之间才有这种外人不能理解的小玩笑，她们互相逗乐，在繁忙的工作之余彼此慰藉，只有在这个时候，她们缓解工作中的紧张感，重新回归小女人的幸福生活。这就是闺密的力量，无论你在外面需要摆出怎样的正经面貌，在闺密面前，你永远可以最自由、最快乐。而且你也会相信，当你遇到困难，闺密会对你伸出援助之手。

孟云三年前下岗了，那是一段灰色的岁月。在那期间，粗线条的丈夫一点也不懂得体贴安慰，每当孟云诉说内心的苦闷时，他总会说：“我每天那么辛苦地在外养家，回了家还要听你唠叨！”

对生活的担忧、对丈夫的不满让孟云越发消沉，幸好她有一个要好的朋友。两人原是同事，因为投缘认了姐妹，现在又一起下岗。朋友对她说：“我们不能靠男人养着，我可不愿意看着他的脸色生活。”孟云屡次找她哭诉，她总是真诚地安慰和鼓励孟云。后来两人合伙开了一个经营早餐的小店，每天起早贪黑地卖早点。虽然辛苦，但是孟云又有了生活的希望。

只有女人才最懂得女人，她们能明白对方的内心所想，并且互相抚慰。女性朋友是互相之间最好的心理医生。心理学家调查研究指出："与同性朋友间保持密切的关系，有助于女性减少焦虑，同时可以使自己平静下来。"

闺密情谊是女人值得珍惜一生的财富。如果你有这样一些无话不说的同性朋友，就好好珍惜与她们之间的深厚友谊吧！

智慧自测题

你是朋友们都喜欢的"万人迷"吗？做做这些题，看看你的人缘怎么样？

1. 你和朋友们在一起时过得很愉快，是不是因为：

A. 你发现他们很有趣，既爱玩又会玩。

B. 朋友们都很喜欢你。

C. 你认为你不得不这样做。

2. 当你休假的时候，你是否：

A. 很容易交上朋友。

B. 比较喜欢自己一个人消磨时间。

C. 想交朋友，但发现这不是一件很容易的事。

3. 你安排好见一个朋友，但你又感到很疲倦，且不想让朋友知道你的这种状况，你是否：

A. 希望他会谅解你，尽管你没有到他那儿去。

B. 还是尽力去赴约，并试图让自己过得愉快。

C. 到朋友那儿去了，并且问他如果你想早点回家，他是否会介意。

4. 你和朋友的关系一般能维持多长时间：

A. 一般情况下有不少年。

B. 有共同感兴趣的东西时，也可能一起待几年。

C. 一般时间都不长，有时是因为迁居别处。

5. 一位朋友向你吐露了一个非常有趣的个人问题，你是否：

A. 尽自己最大努力不让别人知道它。

B. 根本没有想过把它传给别人听。

C. 当朋友刚离开，你就马上找别人来讨论这个问题。

6. 当你有问题的时候，你是不是：

A. 通常感到自己完全能够应付。

B. 向你所能依靠的朋友请求帮助。

C. 只有问题十分严重时，才找朋友。

7. 当你的朋友有困难时，你是否发现：

A. 他们马上来找你帮忙。

B. 只有那些和你关系密切的朋友才来找你。

C. 通常朋友们都不会麻烦你。

8. 你要交朋友时，是不是：

A. 通过你已经熟识的人。

B. 在各种场合都可以。

C. 仅仅是在一段较长时间的观察、考虑，甚至可能经历了某种困难之后才交朋友的。

9. 在以下三种品质中，你认为哪一种是你的朋友应该具备的：

A. 使你感到快乐和幸福的能力。

B. 为人可靠、值得信赖。

C. 对你感兴趣。

10. 下面哪一种情况对你最为合适，或者最接近你的实际情况：

A. 你通常让朋友们高兴地大笑。

B. 你经常让朋友们认真地思考。

C. 只要有你在场，朋友们会感到舒服、愉快。

11. 假如让你应邀参加一次活动，或者在聚会上唱歌，你会：

A. 找借口不去。

B. 饶有兴趣地参加。

C. 当场就直接谢绝邀请。

12. 对你来说，下面哪个是真实的：

A. 你喜欢称赞和夸奖你的朋友。

B. 你认为诚实是最重要的，所以你常常不得不持有与众不同的看法，你讨厌鹦鹉学舌。

C. 你不奉承但也不批评你的朋友。

13. 你是否发现：

A. 你只是同那些能够与你分担忧愁和欢乐的朋友们相处得很好。

B. 一般来说，你几乎和所有人都能相处得比较融洽。

C. 有时候你甚至和对你漠不关心、不负责任的人都能相处下去。

14. 假如朋友对你恶作剧，你会：

A. 跟他们一起大笑。

B. 感到气恼，但不会表现出来。

C. 可能大笑，也可能发火，这取决于你的情绪。

15. 假如朋友想依赖你，你有什么想法：

A. 在某种程度上不在乎，但还是希望能和朋友保持距离，有一定的独立性。

B. 很不错，你喜欢让别人依赖，认为自己是一个可靠的人。

C. 你对此持谨慎态度，比较倾向于避开可能要你承担的某些责任。

★ 评分标准

1. 选 A 得 3 分；选 B 得 2 分；选 C 得 1 分。

2. 选 A 得 3 分；选 B 得 2 分；选 C 得 1 分。

3. 选 A 得 1 分；选 B 得 3 分；选 C 得 2 分。

4. 选 A 得 3 分；选 B 得 2 分；选 C 得 1 分。

5. 选 A 得 2 分；选 B 得 3 分；选 C 得 1 分。

6. 选 A 得 1 分；选 B 得 2 分；选 C 得 3 分。

7. 选 A 得 3 分；选 B 得 2 分；选 C 得 1 分。

8. 选 A 得 2 分；选 B 得 3 分；选 C 得 1 分。

9. 选 A 得 3 分；选 B 得 2 分；选 C 得 1 分。

10. 选 A 得 2 分；选 B 得 1 分；选 C 得 3 分。

11. 选 A 得 2 分；选 B 得 3 分；选 C 得 1 分。

12. 选 A 得 3 分；选 B 得 1 分；选 C 得 2 分。

13. 选 A 得 1 分；选 B 得 3 分；选 C 得 2 分。

14. 选 A 得 3 分；选 B 得 1 分；选 C 得 2 分。

15. 选 A 得 2 分；选 B 得 3 分；选 C 得 1 分。

★ 结果分析

36～45 分：你对周围的朋友都很好，你们相处得不错。而且，你能够从平凡的生活中得到很多乐趣。你的生活是丰富多彩而且充实的，你很可能在朋友中有一定的威信，他们很信任你。总之，你会交很多朋友，你的人缘很好。

26～35 分：你的人缘不怎么好，你和朋友们的关系不牢固，时好时坏，经常处于起伏波动的状态中，这就表明，你确实想让别人喜欢你，并多交一些朋友。尽管你为此作出很大努力，但是别人并不一定喜欢你，朋友跟你在一起可能不会感到轻松愉快。你只有虚心听取那些逆耳忠言，真诚对待朋友，学会正确待人接物，你的处境才会改变。

15～25分：那就太糟糕了！你很可能是一个孤僻的人，思想不活跃、不开朗、喜欢独来独往。但是，这一切并不意味着你不会交朋友，更不能武断地说你人缘差。其主要原因在于，你对于社交活动，对人和人之间的关系不感兴趣。但是，请你记住，一个人生活在社会中，不可能不和人交往，认识到这一点，你就会积极地改善自己的交友方式了。

蓝颜知己，人生得一足矣

上一节里，我们跟闺密一起品味了女人之间的甜蜜情谊。但女人的感情里，应该还有一些别样的风景，比如有一个蓝颜知己。

蓝颜知己的定义是什么？据说就是比爱情要淡、比友情要深、比第三者要清白的一种男女关系，是介于朋友和情人之间的，没有肉体关系却胜似有肉体关系的感情，也可称之为知己之爱。

窦文涛可以算得上是鲁豫的蓝颜知己。窦文涛也是凤凰卫视的著名主持人，他与鲁豫、许戈辉早先一起加入凤凰，都是凤凰台的“开国功臣”。三人在一起工作了多年，感情甚为深厚，甚至有网友找出鲁豫“含情脉脉”地望着窦文涛的照片，猜测两人的关系。不过就像窦文涛自己说的，他与鲁豫的关系就像是“左手摸右手，没有感觉了”。但是，每当鲁豫遇到工作上的难题时，总能在窦文涛那里寻找到有效的建议。蓝颜知己就是这样，在女人无助的时候总能给予她方向性的指导，他们之间没有爱情，但有着更密切的情谊。

在竞争激烈的当今社会，无论是男人，还是女人，都需要全方位的感情呵护。人们将这种介于爱人和朋友之间的感情称为“第四类感情”，也叫它“灰色感情”，是作为对爱情和友情所不能达到的范畴的补充。有些时候，和自己的恋人好像只适合谈情说爱，只有蓝颜知己才更了解自己，给自己更多实实在在的建议。

林凡是一家外企的白领，她有一个爱她的老公，还有一个从大学到现在的蓝颜知己。很多人不懂林凡为什么有了老公，还要与蓝颜知己来往。林凡说："老公只能在感情上安慰我，而蓝颜知己能使我想说什么说什么。工作上的一些烦心事，我不喜欢和老公说，只有自己的蓝颜知己能耐心听我说自己人生、事业的烦心事，并给我提出可行的建议。"

的确，许多时候女人在老公那儿始终是一个需要他肩膀的弱者。老公不喜欢和女人探讨人生，探讨事业，他们也不喜欢自己的另一半成为女强人。但是，没有哪个女人的工作和事业是一帆风顺的，每当这个时候，她们也想寻求解决办法。相比老公，蓝颜知己充当的就是这样一种角色，他们能站在她们的角度替她们分析问题。他们会询问她们的感受，让她们感到自己是独立的，不是非要依靠他人才能存活的小鸟。

有人曾这样说过：把快乐讲出来，你的快乐就会多出一倍；把忧愁讲出来，你的忧愁就会少掉一半。女人步入社会以后要承受来自婚姻家庭和工作事业的双重压力，在多维的社会生活中要扮演多种角色，此时的内心是非常脆弱的，所以在精神上需要一些强有力的支持。那么这时，蓝颜知己就以男人的坚强鼓励女人，让迷茫的女人信心百倍地继续前行。女人与这种蓝颜知己之间没有爱情，却又比一般朋友多了一分肝胆相照。

或许你总是感叹这个世界上好男人越来越难找，想找一个可靠的蓝颜知己更是难上加难。下面为你推荐10种类型的优秀男士，他们是蓝颜知己的最佳人选。

1. 才智过人的男性

这样的男人不论对你的事业还是生活都会有引领作用，使你得到一个更好的看问题的角度，帮助你完善自我。

2. 健康快乐的男性

快乐的人是谁都不讨厌的，特别是俗务缠身，还能保持一颗健康快乐之心的男人，他的人生必定是积极的，他会带给你快乐，帮你释放压力。

3. 志趣相投的男人

与他有共同的语言，这无疑是最容易引为知己的条件。

4. 情感单纯的男人

和单纯的男人相处，会让你放下戒心，比较容易投入。

5. 愿意倾听的圈外男人

处于不同的社交圈，自然会以旁观者的身份看问题，而不带有个人感情色彩，而且很多时候，你需要的也只是一个好听众。

6. 淡泊名利的男人

以一种平静态度看人生、看世事，低调并不代表着不优秀；相反，他会带给你一些更从容的态度和启发。

7. 直言不讳的男人

绝对是知己的最佳人选，中肯的意见让你在一大堆令人头脑发热的奉承声中清醒。

8. 心地宽厚的男人

宽广的胸怀比宽厚的肩膀更有用，当你举步维艰的时候，这种包容的温暖是无可替代的。

9. 细腻的新好男人

中性的情感以及敏感的心灵让他更容易懂你。

10. 人品好的男人

和这样的男人交往，即便很亲密，也不会带来闲言碎语，干扰你本来很平静的生活。

给友情一点距离美

有一个铜制的壶在水面上漂流着，它觉得很孤单，想找一个同伴做自己的朋友，这样在漂流的时候就有人聊天，日子就会过得很惬意。

一天，铜壶终于在水面上发现了一个同类，它兴奋地游了过去：“喂，伙计，我是铜壶，我想和你交个朋友。”说完，铜壶就要去拥抱新来的陶壶。

“我很乐意和你做朋友，但请你离我远一点儿，不要太靠近我，因为我是陶制的，只要你轻轻地碰我一下，我就会成为碎片。”陶壶说。

“不要太靠近你的朋友”这是一条你不得不知的箴言，朋友并不一定要形影不离，但保持距离也不是要彼此疏远。现实中很多人感情疏远，问题恰恰就出在这种形影不离之中。人或者会有“一见如故”、“相见恨晚”之感，这是因为被彼此的气质吸引，一下子就越过鸿沟而成为好朋友，这个现象无论是在同性还是异性之间都会发生。但两个人不管彼此间的吸引力有多大，毕竟是两个不同的个体，彼此所处环境不同，所受教育不同，因此人生观、价值观再怎么接近，也不可能完全相同，如果没有差异那就是两个同一体了，也就不存在彼此之间的吸引力了。

密友之间相处的艺术与夫妻之间相处的艺术有相似之处，所以要保持一定的距离，这也是夫妻相处的艺术之一。所以，如果你有了好朋友，与其因为太接近而彼此伤害，不如适度保持距离，以防碰撞，而且还能增进彼此的感情。

与朋友保持适当的距离，给彼此都留下足够的空间，这样我们的友情才能够更加持久。这一点我们可以借鉴一下豪猪哲学。

豪猪生长在非洲，身上的毛硬而尖。冬天天气寒冷的时候，它们就聚在一起，互相依靠，以彼此的身体取暖。但是当它们靠近时，身上的毛尖会刺痛对方使它们立刻分开，分开后因为寒冷又聚在一起，聚在一起因为痛又分开，这样反复数次，最后它们终于找到了彼此间的最佳距离——在最轻的疼痛下得到最大的温暖。

其实，豪猪的距离对于友情同样适用，过于亲近，有时会被刺伤；过于疏远，又感受不到友情的温暖。只有把握好相处的距离，才能让友谊之树常青。

所谓“保持距离”，简单地说，就是不要过于亲密，一天到晚形影不离。也就是说，心灵应贴近，但形体应该保持距离。保持距离能使双方产生一种“礼”，朋友久则敬之，有了这种“礼”，就会相互尊重，避免产生矛盾而产生伤害。但运用这一技巧时，一定要注意度，如果距离过大，就会使双方疏远，尤其是现代商业社会，大家都在为自己的事业奔波，实在挤不出时间，就很容易忘记对方，因此要经常打电话给自己的好朋友，了解对方的近况，偶尔碰面吃吃饭，聊一聊，否则就会从好朋友变成一般朋友，最后仅成为熟人罢了！

鲁豫喜欢结交各种各样的朋友，与朋友互相帮扶、嬉笑、交流是她生活中很重要的部分。但无论与朋友多亲密，她也不会忘记给自己的内心留下一个最安静的空间——这里只属于自己。友情的价值恰恰就在于——各自不丧失独立性而相互交往。所以，为了让友谊细水长流，为了让你的人生不再孤寂，应遵循这一原则——好朋友也要保持适度的距离！

Lesson12 远航的船知道哪里是最温暖的港湾

智慧关键词：亲情　孝道　家教

如果说有些情感是上天注定的，那亲情绝对就是这种命定的缘分。为人父母或者为人子女都是命运不可更改的安排，也只有这份情感最能诉说“永恒”的意义。

在亲情中可以读懂永恒

似乎每一种关系都可以因为感情的淡漠而消解：无论是爱人还是朋友，情感变淡了，关系就淡了。而亲人之间不管经历过怎样的纷争，血缘所维系的关系是不会改变的。你可以登报与亲人解除关系，但那只是法律上的手段，所解除的也只是法律关系。你为人子女或者为人父母的血缘事实是永远无法改变的。

鲁豫常常在自己的书里提及父母，她的父母都是学外语出身，这样的环境让她从小就能接受良好的教育，并培养了对外语的浓厚兴趣。后来，她也正是因为外语能力出色而崭露头角，可以说父母是鲁豫最重要的启蒙恩师。这个世界上大多数人是幸运的，出生后就受到父母的关爱。这份亲情是我们在人生中所能感知的第一份情感，所以弥足珍贵。很多时候，这份感情也是你与故土的唯一联系。

留学美国的李教授曾经给他的学生们讲了这样一个故事。他在美国留学时曾经遇到两个美籍华人，他们都已经 80 多岁了，离开祖国也有近半个世纪了。其中一个提起祖国总是充满了感情，虽然父母早已归西，但老家还有一个妹妹。他每次回国，总是这个妹妹接待他，让他感受久违的亲情。他甚至说将来故去，要把骨灰送回国，让妹妹把他葬在自家的祖坟里。另一个老人提及家乡则无限惆怅，他的故土已无任何亲人。看到自己的老友回家探亲，他在羡慕之余也曾萌生回去看看的念头，但是转念一想，回去了见谁呢？所以离开国门近半个世纪没有回去过。

两个老人的不同经历让我们知道，一份亲情能给人多少慰藉。我们就像远航的船，为着年轻和梦想离开港湾，行驶向苍茫的大洋。外面可能没有像我们所想象的那样风和日丽，更多的是凄风苦雨。但无论漂泊多远，我们都知道哪里是最温暖的港湾。那就是家，是父母和孩子的身边。孝顺父母、关爱子女，亲人之间的关系就是这样简单而紧密。

孝顺父母不只是一个宣言、一个口号，它还是我们自身生存和发展的一种策略。这是一个很简单的道理，即使不从亲情的角度考虑，社会上的几代人之间依然是相互依赖的关系。如果你不能做到恪守孝道，那么你的父母就会无所养、无所依，而你的孩子将来也会效仿你的做法，年迈的你也必定会和自己的父母遭受同样的境况。更何况孝还有着更为深广厚重的情感内涵。所以，对二十几岁的年轻人来讲，无论从哪个角度，孝都是必需的。

亲情，不仅仅包括孝顺父母，也包括关爱子女。爱自己的子女不是意味着一味地宠溺，你必须让他们懂得为人处世的道理。在他们羽翼未丰的时候保护他们，在他们长大成人时适时地放手，在他们遇到挫折时做他们倾诉的对象。

父母、子女，乃至兄弟姐妹，亲人之间的关系是无法选择的。你更应该把它看成是上天的一种恩赐，这份恩赐让你成长、学会做人、懂得责任，且在你身心疲惫时给你最无私的关爱。所以珍惜你的这份情感吧！

鲁豫——新派父母养育的自信女儿

在人们眼里，鲁豫是一个充满自信的人。她在工作上的表现得到了大家的一致认可。这一点，她不会谦虚。“作为一个主持人，我做得很好。”她自信地说。在她走向成功的要素里，自信是非常重要的。而她的自信与她从小就可以自由自在地选择自己喜好的权利有很大关系。在很多问题上，父母不会干涉她的自我选择。“只要是我自己的决定，父母都是绝对支持的，而且从来不会勉强我做任何我不愿意做的事。”

中国父母总是惯于用严厉的教育手段以确保孩子向着正确的方向成长。以野蛮命令甚至暴力手段教育孩子的旧方式应该被淘汰了，我们的“野蛮”父母也应该知道更有效的教育方式。鲁豫的父母显然属于“新派父母”，他们尊重孩子、平等对话，并且让孩子从小就能有自己的决断。因为父母毕竟不能照顾孩子一辈子，将来的路需要他们自己抉择。

父母之所以想使用训斥、打骂等手段教育子女，很重要的一个原因是希望在孩子面前树立威信，并且让他们百分百地服从自己的命令。虽然父母认为自己的想法都是为孩子好，责骂只是为了让孩子知道什么是对的，什么是错的，但这种“野蛮的方式”很难让孩子信服。

孩子虽然年幼，但也有自己的想法，有时候适当尊重孩子的想法，和孩子进行平等的沟通会让孩子更容易信服于你。

西奥罗·罗斯福深得其子女的爱戴，这是众所周知的。有一次，罗斯福的一位老友垂头丧气地来找罗斯福，诉说他的小儿子居然离家出走，到姑母家去住了。这位父亲把小儿子说得一无是处，又指责小儿子跟每个人都处不好。罗斯福回答说："胡说，我一点儿都不认为你儿子有什么不对。不过，一个人如果在家里得不到合理的对待，他总会想办法由其他方面得到的。"

几天后，罗斯福无意中碰到那个男孩，就对他说："我听说你离家出走了，是怎么回事？"那男孩回答："是这样的，上校，每次我有事找爸爸，他都会发火。他从不给我机会让我讲完我的事，反正我从来没有对过，我永远都是错的。"罗斯福说："孩子，你现在也许不会相信，不过，你父亲才真正是你最好的朋友。对他来说，你是这世上最重要的人。"

"也许吧！上校，不过我真的希望他能用另一种方式来表达。"

接着罗斯福去找那位老友，把男孩的话告诉他，结果发现他果然正如其儿子所形容的那样暴跳如雷。于是，罗斯福说："你看！如果你跟儿子说话就像刚才那样，我不奇怪他要离家出走，我还觉得奇怪他怎么现在才出走呢。你真是应该跟他好好谈一谈，多了解他，多理解他的想法才是。"

罗斯福的教育理念与鲁豫父母的教育方式不谋而合——与孩子平等地进行沟通。大多数青少年都有严重的逆反心理，你越是禁止，他越是要去尝试。所以若你忽略孩子的想法，一味地打断他的话，他就越会以种种极端的方式来反抗。只有沟通，才能让你真正了解孩子的内心所想，树立起你真正的权威。

把父母的角色当事业来经营

好友许戈辉生了小宝宝以后，朋友们见到鲁豫就会关心地问她："你呢？”鲁豫自己还没有孩子，是否有这个计划我们也不得而知。但鲁豫在节目里与小朋友们相处得却是很愉快的。《鲁豫有约》曾经采访过一个少年乐队，4个七八岁的小孩子围在鲁豫身边，他们一起讨论着各种各样的有趣话题，孩子们兴奋得手舞足蹈。看来鲁豫对付小孩子们很有一套，不过她却在节目上说：“我要有孩子，也请老蔡帮我带！”

鲁豫如此推崇的老蔡是谁呢？老蔡就是蔡笑晚，他本来是一个普普通通的父亲，但他的6个孩子中5个是博士、1个是硕士的教育神话，让他声名远播，被媒体誉为“人才魔术师”。

老蔡的长子蔡天文，美国康奈尔大学博士毕业，现为宾夕法尼亚大学最年轻的终身教授之一；次子蔡天武，14岁考入中国科技大学少年班，25岁获得美国罗切斯特大学博士学位，现为美国高盛公司副总裁；三子蔡天师，北京外国语学院毕业，曾被美国圣约翰大学录取；四子蔡天润，华西医科大学毕业，曾被美国阿肯色州立大学录取为博士生；五子蔡天君，中国科技大学硕士；六女蔡天西，18岁成为麻省理工学院博士生，28岁担任哈佛大学最年轻的副教授。

这就是老蔡的辉煌家谱，有人戏称是老蔡家基因好，但老蔡认为父母是孩子优秀的最大推动力。“把父亲的角色当事业来经营”，这就是老蔡的教子秘诀，我们一起来分享一下他的经验吧。

孩子3岁以前，家长会教他们从1数到10，但老蔡却一直教孩子念到千位数。曾经有从事教育的朋友反对蔡笑晚的数学训练方法，认为教育要与儿童各个阶段的身心发展相一致，不要错过最佳教育时间，也不能超前。但老蔡认为即使在幼儿阶段，孩子也具备进行“理性”思考的能力，而且教得越多学得越快。

除此之外，老蔡还给孩子们亲身体验的经历。蔡笑晚曾利用暑假的一个多月时间带孩子们游览了东北三省、天津、北京等地。让他们能亲身体会祖国的山河，父亲又在一旁不失时机地讲述一些历史、人文知识，孩子们既感兴趣，记得又牢固。那时的旅游与现在是天差地别，他们一家人带着干粮和饮用水，一路风餐露宿。但这样的旅游，对孩子的成长而言，意义重大。

尊重孩子的意见也是老蔡的教育法门。他的四子曾经迷恋武术，执意放弃学业，去武校练武。老蔡虽然烦心了一段时间，但还是决定要让他自己选择自己的人生，于是让他去了武校。结果老四在武校里发现现实跟自己的理想差距很大，没过多久就要求回来。但蔡笑晚坚持让他读完了一个学期才重归正轨。这段经历让老四返家后一心读书，最终考上了华西医科大学。

鲁豫所推崇的老蔡的教育方法，其实就是把父母的角色当做自己的事业来经营的教育理念。教育子女就像对待事业一样，要敬业爱岗。老蔡的用心，让他培养出引以为傲的6个孩子。他的教育法给了鲁豫极大的启示，相信也能让各位年轻的妈妈或者准妈妈们有所领悟。

Lesson13 不做新闻人，也要路路通

智慧关键词：社交　人脉

鲁豫是个新闻人，扩充人脉是基本的职业要求。我们也许不是新闻人，但新闻人的要求对我们同样适用。要想路路畅通，你也必须有丰厚的人脉资源。在人群里自如地交际，让更多人折服于你的魅力，又何乐而不为？

何必孤芳自赏，人群中一样精彩

“请学会社交吧，因为你的面前是成群的职业高手！”这是美国著名女性专家波尔·特丝给现代女性的一句忠告。交际，是人类的基本需要。没有女人的社交是可怜的，没有社交的女人更是可悲的。随着社会的进步，女性参加社会活动的机会越来越多，女性从社交中获得的益处也越来越多。对人的一生而言，群体活动是其中的重要环节，可以说人的一生就是在群体活动中度过的。没有社交，没有群体活动，女人的人生会变得枯燥乏味，甚至了无情趣。

作为一名媒体人，鲁豫就深谙人际关系的重要性。对于新闻人来说，良好的交际能力是其基本素养之一。其实，即便不是新闻人，拥有良好的人际关系对于你的人生发展也是极为有利的。

众所周知，在美国前总统克林顿成功竞选的过程中，他很多拥有高知名度的朋友们扮演着举足轻重的角色。这些朋友包括他小时候在热泉市的玩伴，年轻时在乔治城大学与耶鲁法学院的同学，以及当学者时的旧识等。

有人说："30岁以前靠专业赚钱，30岁以后靠人际关系赚钱。"可见人际关系的重要性。在一家信息公司开展的关于"哪类因素对职业生涯影响最大"的一项调查中，个人能力被大家公认为第一要素；其次有30.77%的受访者认为机遇起着决定性的作用；人际关系的因素被排在了第三位，有17.3%的受访者感受到了人际关系的重要性。其实这三者并不矛盾，它们往往具有累积加倍的功效。如果你有能力，而且在能力之外还有良好的人际关系，那么你一定会是一分耕耘，数倍收获。

崇尚社交应该是女人的天性，女人对交际有天生的敏感。契诃夫说过："不和男人交际的女人渐渐变得憔悴，不和女人交际的男人渐渐变得迟钝。"与人相处，是女人生命的亮点，交际中的女人才是最光艳夺目的。一个优秀的女人，不应该独处一旁，孤芳自赏，而是应该走出去，在人群中绽放自己的光芒。

写给女人的交际圣经

女人作为社会的成员，肯定少不了与其他人交往。但交往并不是我们表面上看到的，仅仅是双方相互说说话而已，它应该包含更深一层的意义，那就是在交往双方之间建立起一种良好的关系和友谊。在现实生活中如何进行交往是有许多技巧和经验可循的。那么作为一名现代女性，怎样才能广结人脉、拓展自己的生活空间呢？

1. 要确立目标

一定要为你的人脉系统确定一个关键目标，不能漫无目的地到处乱撞。你的目标定得越具体，你的关系网就越容易被联结起来。所以，一定要将你的愿望确立为一个可以用语言形容，并可以达到的目标。当你向这个目标前进时，所走的路与旁人的路有所叠合，才会产生交集，也才会有机会交到对自己有实际帮助的朋友。

2. 要积极参加各种活动

每项活动都可能为你提供扩大社交圈的机会。你可事先思考一下，你希望认识哪些人，然后收集一些可以参与到这些人交谈中去的信息。只有多参与各种活动，才有可能随时把自己推销出去，同时还能得到对方的信赖。

3. 把你的愿望告诉别人

不管你是在找一份新工作，还是要买一台便宜的电脑，只要你并不知道谁能够帮助你，自我广告就可能会派上用场。将你的愿望告诉所有你碰巧遇到的人，口头广告肯定会让你受益匪浅。

4. 积极利用各种集会时间

活动前、讲座休息时或者午餐时，你都不要置身事外。你可以充分利用这些时间，结交你的同事、领导以及你身边不熟悉的人。时间的长短并不影响你收获的大小。

5. 注意收集信息

在与人交谈时，认真倾听，并且通过提问，让谈话朝着你希望的方向进行。为了你事业的发展，应该刻意收集一些人的联系方式和值得了解的信息。

对于女性来说，拓展人脉、处世交友还有一套特殊的柔性交际法。柔的心灵、柔的微笑、柔的语言，让众人看到你最富有“温柔女人味”的一面，交际定能无往不胜。

1. 微笑

据说，人在笑的时候，要使用 13 块面部肌肉，而在皱眉时，要使用 47 块面部肌肉。正因为如此，人在笑的时候快乐而且自然。整日愁眉苦脸的人，可以说没有意识到自己忽略了一个最有魅力的“法宝”，微笑好比是投向水面的小石块，能不断地增加和扩大亲切友好的涟漪。

对于别人锐利的目光，不要生气，而应该报之以微笑。对于性情乖僻或生性腼腆的人，我们若能笑脸相迎，相互间的隔阂就会消除，对方紧绷着的脸也会很快松弛下来，并露出笑容。所以，一个女人若能笑得赏心悦目、神采飞扬，那么她肯定能赢得周围人的好感和信赖。

2. 赞扬

有一种说法一直颇为流行，那就是“赞扬能使羸弱的躯体变得健康和强壮，能让恐惧的内心恢复平静和信赖，能让受伤的神经得到休息和力量，能给身处逆境的人以务求成功的决心”。实验心理学的研究也表明，受到赞扬后的行为，要比挨了训斥后的行为更为合理，更为有效。

3. 感谢

除了赞扬，还有一点也很重要，那就是感谢别人。即便旁人替你做了一件微不足道的小事，你也不要忘记说声“谢谢”。与此同时，你还应该不断地去发现值得感谢的东西。这种感谢，是对对方所做的事情和对方人格的看重，它与赞扬具有同样的出发点。所谓感谢，就是使用亲切的字眼，向对方表达自己的心情。光在心中想是不够的，要表达出来——这一点具有十分重要的意义。

4. 倾听

有些女性很想让人觉得自己有才气、理解能力强，所以喜欢经常打断别人的发言，或说些自以为是的俏皮话，结果却给人造成不懂装懂、卖弄学问和只想谈论自己的印象。你对别人的话若能做到侧耳倾听，连半句也不放过，那么别人反而会觉得你很有水平。事实上，一个人越是有水平，他在听别人讲话时就越认真、越专注。所以那些讲起话来口若悬河、滔滔不绝的人，那些不管什么场合都想发表自己意见的人，以及那些等不到对方把话讲完就想作出回答的人，应该学会耐心地聆听对方讲话，这样才能显得聪明、慎重和深谋远虑。

《鲁豫有约》的成功很大程度上就是源于鲁豫的定位，她总是把自己放在一个倾听者的位置上，仔细地倾听嘉宾的苦与乐，在适当的时候给予回应，让对方能更畅快地吐露心声。在鲁豫的节目里看不到咄咄逼人的气势，更多的是宽容和理解。正是这样的气氛让鲁豫的形象更为可亲，也更有观众缘。

理想的人际关系，是建立在相互交流思想的基础之上的。如果对于对方的希望、意见和感情缺乏了解，那么双方的意志就不可能达到统一。要了解对方，就得侧耳倾听。在直抒胸臆之前，先听完对方的讲话是非常重要的。你如果不好好听对方讲话，而是夸夸其谈、喋喋不休地先将自己的内心世界来个“竹筒倒豆子”，光凭这一点，你就输给了对方。

若能鼓励和引导对方把话都讲出来，对方就无法掩盖自己的内心世界了。专注地、认真地、耐心地倾听对方暴露自己的内心世界，就是了解对方的过程。通过这种倾听，你就能交上好朋友，达到交际的目的。倾听是最能使对方感到高兴的一种“赞语”，也是对对方自尊心的强化。与此相反，你如果不肯倾听对方讲话，那永远也做不到真正意义上的交流和沟通。

陌生人——你的下一个朋友

大多数人都不愿或不擅与陌生人打交道。比如，当我们赴一个规模较大的宴会时，大家都会有一种不约而同的想法，即避免和陌生人同席，因为和熟人同席会有说有笑，和陌生人就失去乐趣了。这其实就是一种社交恐惧。

其实，每一个陌生人都可能成为你的下一个朋友，关键取决于你是否能够把握机会。

鲁豫在一次宴会中见到了著名的舞蹈表演家金星。金星身份的特殊之处在于，她是一个变性人，在做了多年男人之后，勇敢地选择了改变。鲁豫和金星并不认识，但是她对金星的故事很感兴趣，于是主动走上前去询问了对方的联系方式。可见主动与积极就是与陌生人交往的第一步。

所有的朋友都是从陌生到认识，再一步步发展成为朋友的。任何深厚的友谊都是由陌生向成熟逐渐培养、建立的。可以说，学会和陌生人交往，既是提高个人社交能力的需要，也是结识新友、建立人脉的重要途径。

美国总统富兰克林·罗斯福是一个非常善于结交朋友的人。在一次宴会上，看见席间坐着许多不认识的人，他便想与这些人相识。于是，他找到一位熟悉的记者，从记者那里一一打听清楚了那些人的姓名和基本情况。然后主动和他们接近，叫出他们的名字，并与他们谈论一些与他们的生活或工作有关的事。当那些人知道这位平易近人的人竟是著名政治家罗斯福时，大为感动。以后，这些人都成了罗斯福竞选总统的支持者。

所以只有你认识到这个世界没有所谓的陌生人，只有未结识的朋友，把每一个陌生人都当做你的下一个朋友看待时，你才能真正走出社交恐惧。

在一个暴风雨的晚上，一对老夫妇来到一家旅馆，要求订房。

“很抱歉！”柜台里一位年轻服务生说，“我们这里已经没有空房间了。”老先生愁眉微锁，嘀咕道：“我们是从外地来的游客，人生地不熟。在这样的雨天，真不知道怎么办才好！”服务生知道，现在是旅游旺季，附近的旅馆全部客满，要订到客房，十分不易。想到老夫妇不得不在这样的大雨天出去找一个安身之所，他心里感到很难过。他不忍心让两位老人重新回到雨中去，便说：“如果你们不嫌弃的话，可以住在我的房间里。”

“但是……这太打扰你了！”

“我要在这里工作到明天早晨，请放心，你们不会给我带来任何不便。真的，一点也不会！”服务生边说边将酒店的值日表指给老人看，证明自己确实要加班，以打消他们的顾虑。老夫妇欣然应允，在服务生的房间里住了一晚上。第二天早上，他们想照价给服务生付房费。服务生婉言谢绝了：“我昨晚已经赚到了加班费，请不必客气！”老先生感叹道：“你这样的职员是任何老板都梦寐以求的。我将来也许会为你建一座旅馆。”服务生笑了笑，他以为这只是一个玩笑。

过了几年，服务生收到一封老先生的来信，邀请他到曼哈顿见面，并附上了往返机票。到了曼哈顿，老先生将他带到一幢豪华的建筑物面前，说：“这就是我专门为你建造的饭店，你对它满意吗？”

许多年过去了，这家饭店发展成为今日美国著名的华道夫·爱斯特莉亚饭店。这个年轻的服务生就是该饭店的第一任总经理乔治·伯特。

广泛交友是机遇的源泉。交友越广泛，遇到机遇的概率就越高，把更多的陌生人变成你的朋友，你获得机遇的概率也会越高。我们希望你不要畏惧跟陌生人打交道，但并非是让你总是怀抱着功利主义的心态去结交朋友，而是希望你丢掉原来的观点，用更开阔的视野去看待陌生人，让你的社交生活变得更加丰富多彩。

智慧自测题

做做以下的测试题就能知道你的交际能力有多强，每题均有两个测试结果，即“是”和“否”。答“是”得1分，答“否”得0分。

1. 在与权威人士说话时，我感到紧张。

2. 我害怕在会上表述自己的意见。

3. 在一个新环境里，我可以接连好几天不说话。

4. 一般来说，我是个害羞的人。

5. 与一大群朋友在一起，我常感到孤寂或失落。

6. 我担心别人对自己有什么坏印象。

7. 我总是尽力使别人赏识自己。

8. 我经常暗自思慕异性。

9. 我对自己的仪表（容貌）缺乏信心。

10. 不是迫不得已，我绝不求助于人。

11. 我同别人的友谊发展，多数是别人采取主动。

12. 参加集会，我总是坐在熟人旁边。

13. 我喜欢与机器打交道，而不是与人。

14. 我宁愿写信而不使用电话与别人联系。

15. 我常常担忧别人怎样看待我。

16. 我不轻易对别人作出评价。

17. 心烦意乱时，我通过工作来排遣。

18. 我在演讲时经常太过紧张，以至把那些确实知道的事都忘了。

19. 在公共场合讲话，我不敢看听众的眼睛。

20. 我在演讲时，身体的某些部位非常紧张和僵硬。

★ 结果分析

16 分以上：表示交际能力亟待提高。

11 ~ 15 分：表示交际能力一般。

6 ~ 10 分：表示交际能力较强。

5 分以下：表示交际能力非常强。

Lesson14 奥普拉和三毛——我要与她们一样精彩

智慧关键词：偶像　榜样力量

偶像的力量有多大，你只有在追赶他们的道路上才能体会。他们是目标，是前景，是督促你不断前进的动力。但你也需要明白，成功的人生需要活出新意。你可以学习偶像，但千万不要抄袭和照搬。超越，才是你永恒的目标。

人生是唯一的，成功却是可以复制的

信仰的力量是无比强大的，为自己的人生寻找一些成功的榜样，就像为自己的人生航船寻找前进的方向一样。没有信仰的人生只是随波逐流，而拥有信仰的人生却仿佛顺风顺水的帆船一样，能在外力的帮助下快速到达成功的彼岸。

榜样的力量到底有多大，很少有人能说得清楚，但可以肯定的是，当你为自己树立了一个成功榜样时，你会有更明确的目标，做事也会更有计划。每个人的人生都是独一无二的，但是成功是可以复制的。

鲁豫在美国留学时，第一次看到了“脱口秀皇后”奥普拉的节目——电视谈话节目《奥普拉脱口秀》。她的访谈对象通常不是达官贵人、商界名流，而是有着心酸往事的普通人。她在节目中与他们交流，引导他们说出自己的故事，谈到悲伤之处，她甚至还会和访谈嘉宾一起抱头痛哭。可想而知，这种节目的影响力是巨大的。她的脱口秀节目平均每周吸引3300万名观众，并连续16年排在同类节目的首位。无数女性从她的节目中获得勇气和乐观面对生活的信心，而奥普拉更成为一代美国人的精神导师。

年轻的鲁豫望着又黑又胖的奥普拉，觉得她在节目中是那样的美丽动人、光彩夺目。成为像奥普拉一样出色的电视节目主持人，此时就已成为鲁豫最大的目标，她开始朝着这个方向前进。鲁豫回国后进入刚成立的凤凰卫视，一开始主持了一些娱乐节目和新闻播报节目，但她一直没有忘记自己的偶像和奋斗目标。终于机会来了，《鲁豫有约》顺利开播，并且改版后成了一个现场访谈节目。鲁豫所希望的一切都成了现实，和《奥普拉脱口秀》一样，《鲁豫有约》在中国也成了访谈节目的楷模，在同类节目中拥有最高的收视率，甚至有外国媒体记者称鲁豫为“东方奥普拉”，鲁豫复制了偶像的成功。

成功是艰难的，但成功也是有道可循的。追随成功者的足迹可以让你在成功之路上更有效率。你可以借鉴对方的优势和成功经验，努力让自己也具有这些长处。另外，对方的缺失和遗憾你都能看在眼里，可以在自己的道路上避免犯同样的错误。其实，成功者虽然有不同的性格和行事方式，但他们具有一些共同的品质，比如眼光独到、积极主动、勤奋、敢冒风险、坚忍不拔等。除了这些品质，对于女性来说，成功还必须具有以下一些共同特点。

1. 专注于目标

所有成功女性都为自己制定了明确的目标，并且专注于此，不瞻前顾后，摇摆不定。她们和所有普通人一样会遇到各种日常琐事的烦扰，但她们总是懂得先做最重要的事情，即对实现目标最有利的事情，而不会像其他人一样被琐事牵绊而将自己的工作拖到最后草草了事。

2. 良好的人际关系

良好的人际关系是成功者必备的要素之一。成功女性总会和周围的人打好交道，并且这种人际关系也让她们在工作上更加便利，如鱼得水。

3. 对工作永远抱有热忱与激情

认真做事可以圆满完成工作，而对工作永远抱有热忱和激情，就能够让你的工作做得更精彩，同时也能督促你在工作上更加勤勉。

智慧自测题

以下这道排序测试题可以测试你要想成功还需具有的要素：

在一个经营类游戏中有4个人，第一个人建议你来玩这个游戏，他告诉你这个游戏很好玩，以及游戏最基本的玩法；第二个人给了你在这个游戏中最初的一小笔启动资金，正是因为这笔资金，你成功地在游戏中建立起了自己的工厂；第三个人在你建厂之后，教会你经营策略，让你在游戏中从经营一个小厂开始，逐步发展成为一个可以左右游戏局势的大企业；第四个人的帮助，让你在游戏中最终胜出，幸运地在限时游戏中取得了最高分。

你觉得谁给了你最大的帮助，按从大到小的顺序为4个人排序。排名越靠前的要素就是你现在越需要的要素。

★ 结果分析

第一个人代表眼光：很多时候你必须首先具有良好的眼光，选择最正确的、最适合你的行业。有人认为很多成功者之所以成功是因为他们运气好，实际上是因为他们的眼光好，你与成功者的差距便在这眼光上。

第二个人代表人缘：你必须有良好的人际关系，这些关系能够在你遇到障碍时帮助你清理道路，并且给予你一定的帮助。你如果想单枪匹马胜出实在是太困难了。

第三个人代表努力：你不缺少好的想法，但是你总是很少试着把它们付诸实践。你缺少努力的勇气，更多时候你的计划只停留在想象层面。如果你让自己更勤奋一些，为自己的目标做得更多一些，你的成就远不止你现在所拥有的。

第四个人代表运气：你有眼光，有人缘，也很努力，但是你总是觉得自己的运气很差，可能关键考试考差了，可能良好方案失败了。你很难解释在有些事情上到底是自己的努力不够，还是真的运气差。但是相信若你能凭借着自己的能力，一直努力下去，就一定会取得你想要的成功。

做鲁豫第一，不做奥普拉第二

莎士比亚曾经说过："你是独一无二的。"但大部分人都意识不到这一点，他们更习惯于照搬别人的经验，习惯于模仿，这既出于一种惰性，更出于对先贤圣哲的追捧。对经典的模仿很容易堕落成一种媚俗，失去自我，而且在先贤们和周围人的压力下，没有人敢喊出自己的声音。一个只懂为自己树立榜样，然后顶礼膜拜的人，最终的结果只有一个——失去个性。个性是人之所以独一无二的最宝贵的因素，没有个性便没有独立的人格，没有深邃的思想，更没有创造力。

一位科学家曾做过一个著名的毛毛虫实验。他把若干毛毛虫放在一个花盆的边缘上，首尾相接，围成一圈，并在花盆周围不到6寸的地方撒上一些毛毛虫最爱吃的松针。毛毛虫开始一个跟着一个，绕着花盆一圈一圈地走。一小时过去了，一天过去了，毛毛虫还是不停地团团转。七天七夜后，它们终于因为饥饿和精疲力竭而亡。

为什么会这样呢？因为所有的毛毛虫都只知道盲目地跟随着前面的毛毛虫走。我们可以设想：在那么多毛毛虫当中，只要有一只稍微与众不同，便会逃脱死亡的命运。其实，每一个人都应该庆幸自己是世上独一无二的，应该将自己的禀赋发挥出来，而不是亦步亦趋地跟在别人身后，和别人说一样的话，做一样的事，走一样的路。在所有缺点中最无可救药的就是失去自我，成为别人的复制品。

美国“脱口秀皇后”奥普拉是鲁豫的偶像，鲁豫以她为榜样，获得了事业上的成功。复制他人的成功是可以的，但这种复制不能是愚蠢地模仿，所有东西都原样照搬。聪明的鲁豫当然知道这个道理，做奥普拉第二，不如做鲁豫第一。所以当CNN记者问鲁豫“被称为‘东方奥普拉’有什么看法”时，鲁豫告诉对方“我就是我”。这是一种宣言，表明了自身的独一无二，而认识到这一点，才是真正成功的开始。

如果鲁豫照搬奥普拉的节目模式，在中国是很难出彩的，因为两国有不同的文化和国情。所以，我们在《鲁豫有约》中看到了更适合中国人心理的选题策划、问题、谈话模式，这些都是鲁豫和她的团队针对中国人的特点精心准备的，所以这个节目才能得到那么多中国人的喜爱。她不是东方的奥普拉，而是东方的陈鲁豫。

你可以追随偶像的足迹，但你不能盲目模仿。当你在仰望偶像的时候，先正视一下自己，发现自己的优势所在。然后根据自己的优势和环境，在发展路上有所创新，你才能获得真正属于你的成功。

智慧自测题

看看下面这个有趣的测试，从你对偶像的态度上可看出你的性格。

1. 一天在路上，有人突然对你大叫："有人在追着我，请帮帮我吧。"仔细一看，说话的那个人竟然是你的偶像。这时候你认为追着他的人是谁？

A. 影迷→4题

B. 记者→7题

2. 终于帮他把追逐者摆脱了，而他也向你微笑示意，此时你认为他的意思是：

A. 单纯地微笑着→5题

B. 衷心地感谢你→9题

3. 当这段际遇结束后，他正欲离去，你希望他对你说什么？

A. 对你握手说再见→性格A

B. 对你吻别→性格B

4. 为了闪避影迷的追逐，你会将他带到哪里躲避？

A. 人多的大型商场→8题

B. 人少的小巷子里→2题

5. 为了闪躲穷追不舍的影迷，你会帮他选择哪种伪装道具？

A. 帽子→13题

B. 眼镜→6题

6. 当你们度过了这惊险的一天后，在离别时他留下了电话号码给你，你会如何？

A. 等过几天后再打给他→性格D

B. 电话可能是假的，算了→性格B

7. 当你们得选择搭乘交通工具闪避时，你会选择哪种交通工具？

A. 公共汽车→11题

B. 搭计程车→2题

8. 当你们被影迷挡住去路时，此时的影迷大概多少人？

A. 5人左右→5题

B. 10 人左右→ 12 题

9. 当你们躲过了他们的追逐，他说："今天我们一起去逛逛吧？"你们会到哪里？

A. 电影院→ 3 题

B. 餐饮店→ 10 题

10. 到了互相告别的时刻，你会对他说：

A. 今天很高兴能帮助你→性格 A

B. 能有机会再见面吗？→性格 C

11. 当你们被记者追到，记者问到绯闻时，你认为他的对象可能是：

A. 圈内人士→ 9 题

B. 圈外人士→ 12 题

12. 当他准备了谢礼给你时，你想可能是哪种物品？

A. 他新买的手表→ 6 题

B. 他用过的饰品→ 10 题

13. 他为了答谢你请你吃东西，可是是你不喜欢的食物，你会：

A. 勉强吃下→性格 C

B. 拒绝吃下→性格 D

★ 结果分析

性格 A：唯命是从型

你是一个附和度高的人，但有时太顺从别人，容易缺乏自我主张和个性。别担心，适当时候大胆说出自己的观点，一样会获得别人的赞赏。

性格 B：容易软化型

说你心地善良，那是人人都承认的。但是，在爱情方面，你太容易爱上对方，总是听从对方的意见去做，对方开心你就开心，这样容易缺乏自我肯定的意志力。

性格C：意志变化型

你有自己的一套想法，并不容易被动摇。但是，你并非滴水不漏，很多时候，就算心里不太乐意，基于友情跟爱情，你还是会被动摇，被迫让步。

性格D：坚持己见型

你是一个坚持己见的人，一旦作出决定，就不会受他人影响而改变。不少人都欣赏你意志坚定，行事稳定，但是，你要小心，一直这样的话，很容易在身边树立敌人。

永远有自己的精神偶像

什么是精神偶像？你从他的身上懂得人生、领悟美德、发现世界的美。这样说很虚幻，简单说来，精神偶像就是那种你甚至愿意变成他的人。对于鲁豫来说，三毛就是她的精神偶像。

三毛是中国台湾的一名女作家，一名平凡又充满传奇的女子。幼年曾患过自闭症，不愿意与人交流，却有着极其细腻、敏锐的感悟能力，她总是能看到不一样的生活。因为曾经难以与人沟通，她把所有的热情都给了书籍。

被一本地理杂志吸引，她万水千山地来到了撒哈拉沙漠。在这里与苦恋她的西班牙男人荷西结成连理。她与荷西的物质生活是清苦的，但沙漠的人和景激发了她文学创作的灵感，她写下了大量描摹沙漠生活的文字。一本《撒哈拉的故事》成为读者争相传阅的读物，并在当年掀起了一股向往远方、憧憬流浪的风潮。此后她笔耕不辍，创作出大量小说、散文、诗歌，同样受到读者的喜爱。

她为一代年轻人提供了一个关于远方的美丽答案，可她依然是孤独的，尤其是在荷西意外身亡后，她的情绪更加不稳定。几年以后，她选择了自己的结束方式，让自己的生命画上了句点，也带给所有爱她的人巨大的伤痛。但她平凡而传奇的一生被很多人记忆，永不褪色。

鲁豫毫不吝啬对三毛的喜爱，她曾经在自己的书《心相约》中以大篇幅表达过对三毛的崇拜。如果三毛还活着，她希望能成为三毛的朋友，至少与她在《鲁豫有约》中畅谈，因为鲁豫是如此的迷恋三毛。

曾经有好事者诋毁三毛，指出其中很多故事的虚假。但对于鲁豫和所有热爱三毛的读者来说，这丝毫不能改变三毛对他们的影响。他们从三毛的故事中懂得了爱的真谛，培养了对自然的热爱，并且对被人忽视的民俗又重新产生了兴趣……精神已经富足，这样就够了。

这就是精神偶像的作用，你从他身上发现另一种生活，他的眼睛帮你看到更多更美的世界。这就像是第二次生命，让我们单薄的生活日益变得丰富多彩起来。

第四篇

用爱筑巢
——亚当与夏娃的生存手册

夏娃是上帝用亚当的肋骨做成的吗？如果是，她就该依从他，永远臣服于他吗？当然不是。亚当与夏娃是因为爱联系在一起，最终组成一个家庭。这样的家庭里应该有平等的气氛，以互相尊重作为生活的信条。对于家庭的依恋是每一个女人都无法摆脱的天性，但你也必须更谨慎地选择如何建立你的家庭，与丈夫一起，体味理解、宽容、欣赏的真正含义。

Lesson15 踏进“围城”的脚一定要谨慎

智慧关键词：婚恋　规划

婚姻是座围城，外面的人想进去，里面的人想出来。也许这是颠扑不破的真理，但你并不需要坐以待毙。踏进围城的脚步更谨慎一些，你就能规避很多的风险。谁说感情就不能理性，多一点冷静你就能在围城里欣赏到更美好的风景。

失去的是恋情，得到的是成长

虽然把婚姻当做恋爱的终极目标有些狭隘，但不可否认的是绝大多数恋情顺利的男女最终都会走入婚姻的殿堂。而那些没有结婚的情侣则大多是因为感情破裂，也就是我们经常所说的失恋。失恋是一件让人揪心的事，很多人尤其是初尝爱情的人总是觉得痛不欲生。但这份让你心痛难耐的情愫却可以成为你真正成熟的契机。经历过失恋，并且最终摆脱痛苦，才能让人以更加成熟和从容的态度对待感情。虽然不能让你以后的感情生活一帆风顺，但却能让你感觉到内心的成长。

鲁豫与现在的老公朱雷从大学开始就是一对甜蜜的恋人，只是当时青春懵懂，对感情总有些不珍惜，毕业时两人轻言分手。对于当时的鲁豫来说，学习和恋爱就是生活中最重要的两件事。失恋对她的打击很大，所幸这个总是充满了干劲的坚强女孩在工作中找到了寄托。她把精力都放到了《艺苑风景线》的录制上，从中找到了恋爱以外的乐趣和激情，也完成了从学校走向社会的第一步。

有人说初恋是轻音乐，热恋是狂想曲，那么失恋呢？失恋可能是令人难忘也难眠的小夜曲。失恋是痛苦的，但在这种痛苦面前，有的人能作出理智的选择，有的人则陷入情感冲动的泥潭，严重地影响了自己的正常生活。

琳达和男朋友分手了，从他告诉她应该停止见面的那一刻起，琳达就觉得自己整个人都被毁了。她吃不下睡不着，工作时注意力无法集中，人一下消瘦了许多，憔悴、消瘦让琳达在几天之内像变了个人一样，有些人甚至认不出琳达来。

她来到当初她与以前的男友约会的公园里，伤心地哭了起来，她哭得很悲戚。她不明白为什么男孩不再爱她了。渐渐的，她由伤心变成了不甘心，又由不甘心变成了怨恨，她不甘心自己的爱不能换来同样的回报，她怨他太狠心、太无情。她越哭越悲伤，难以遏止，陷于强烈的失落、自卑和悔怨中不能自拔。

一个长者知道她为什么而哭之后，并没有安慰她，而是笑道："你不过是损失了一个不爱你的人，而他损失的是一个爱他的人。他的损失比你大，你恨他做什么？不甘心的人应该是他呀。再说，他已经不爱你了，你还要伤心、怨恨，让这份失败的感情阻碍你今后的生活，那岂不是太不值得了吗？"琳达听了这话，忽然一愣，转而恍然大悟。她慢慢擦干泪，决定重新振作，投入新的生活。

是啊，当爱情离我们远去的时候，我们要尽力挽留；当我们无法挽留的时候，最好的处理方式就是遗忘，忘掉以前的愉快和不愉快。当我们学会了忘记，才会真正地解脱，才会学会宽容。这样，我们才会成熟。

爱情毕竟不是生活的全部，人生更重要的是对理想、事业的追求。失恋也并非完全是坏事，它可以促进我们心理的发展和成熟。不论结果如何，只要我们真心付出过，坦诚地对待过，也就不会有遗憾了。成熟的心志，才会产生成熟的感情。青涩年华产生的爱情虽然单纯而美妙，但是它通常很难经得起岁月的考验，很难历练成恒久的真爱，就让那些过去成为美好的回忆吧。

失恋者需要明白，感情既然已经“变质”，就要尝试着接受这一心灵创伤。一些人不愿正视失恋的现实，认为很丢面子。他们往往会钻牛角尖，一方面觉得对方对不起自己，另一方面却认为一定是自己哪方面不好才会被“甩”。其实，失恋的结局是一样的，而导致失恋的原因却是千差万别。失恋给人们留下一段伤心的回忆，怎样才能尽快消除痛苦呢？这里有应对失恋的一些具体方法，或许对失恋者有一定的帮助。

1. 比较疗法——比比谁最惨

看看灾难影片，感受影片中生离死别的惨痛，感悟现实中还有很多悲惨的人和事。想一想在这个世界上，绝非自己一个人经历此痛，这样就会觉得平衡一些。

2. “罪状”加强法——挖掘对方的缺点

失恋后，可以擦亮双眼，清醒地翻翻“旧账”。想想对方的恶言劣行、薄情寡义，使自己越来越讨厌他（她），虽说不至于到咬牙切齿的程度，但是你肯定是更客观了。

3. 思考中断法——转移注意力

失恋者情绪消沉、寂寞无助是正常的，但沉迷于往事中不能自拔就是过度了。一旦睹物思人，请有意识地“叫停”，以中断回忆，将注意力拉回到现实中。

4. 建立信心法——自我快乐

失恋后某些人会否定自我，甚者自信心也会发生动摇。其实，不管怎样，无论什么时候都应该坚定不移地爱自己。改变一下发型、买两套新衣服，让自己拥有好心情。

5. 投注工作法——收之桑榆

恋爱是一件需要投入精力的事情，分心是不可避免的，而失恋后一切复归，又可以全心专注于工作了。“化伤心为力量”，努力地“重建”自己，使自己成为具备更好条件和资本的优秀者，还怕无人赏识吗？上帝关了这扇门，就一定会为你打开另一扇窗。做一个有心者，等待合适的机会吧！

6. 融入朋友法——恢复本色

恋爱期间“重色轻友”，现在恢复“单身”，还不趁此机会与老朋友们相聚，有谁会像老朋友一样了解你、包容你又心疼你呢？跟他们在一起，有助于你重新找回良好的感觉。

草率——离婚的伏笔

鲁豫在留学时认识了她的前任丈夫。一个人在异国他乡，些许的关怀就成为很大的心灵寄托，不久他们就步入了婚姻的殿堂。现在看来，她的第一次婚姻显得有些草率。虽然鲁豫很少提起这次婚姻，但离婚所带来的痛苦是可以想象的。幸运的是，鲁豫最终与自己的真爱重逢。在这份纯真而持久的感情面前，结婚便成了一种理所当然的归宿，而不再是赌博式的草率了。

在离婚率攀升的今天，很多受伤的人在当初走上红地毯时绝对想不到会有今天的结局。为什么看似完美的婚姻会有如此惨淡的结局？大家最常说的是“遇人不淑，所托非人”，那么为什么不在开启婚姻之门的时候理智一些，须知，婚姻不是机会的产物。许多人虽然对美好生活充满向往，但他们步入婚姻的殿堂时，却还是个婚姻的文盲。幸福婚姻与草率行事、冲动毫无瓜葛，它就像一幅完美的画卷，在完工前必须精心构思、巧妙设计，而草率的婚姻则只会成为爱情的掘墓人。

一个名叫“木鱼”的网友曾经发帖诉说她的悲伤往事：木鱼在大学时可谓风云人物，她长相出众，个性开朗大方，多才多艺，经常在校内大型演出中一展风采，有很多男生追求。可就是这样一个优秀的女性，面对爱情和婚姻时却异常幼稚。

一次偶然的机会她结识了一个中年离异的男人，那人身边还有一个读初中的女儿。男人经济实力堪称雄厚，追求木鱼时更是挥土如金。木鱼感情经验并不丰富，她不知道到底该不该接受这个人。木鱼的好朋友劝她考虑清楚，理由是“两人交往不深，而且对方还有一个小孩”。但最后木鱼回绝了朋友的建议，她觉得“不如赌一把”，然后跟男人闪电结婚了。

短暂的蜜月结束了，丈夫突然变成了极端大男子主义者，一改恋爱时的温柔体贴。木鱼很委屈，但只要稍微流露出一点不满，便会招致一顿毒打。他的女儿更不肯承认有她这么个年轻的继母，无故寻衅是难免的，更可怕的是这刁钻古怪的小姑娘动不动便去父亲那汇报又被后母“虐待”的种种罪状，接着就又是他的一顿拳脚相加。

木鱼苦不堪言，只得逃往另一个城市，断绝了和朋友们的联系，希望能够开始新的人生。然而几年过去了，她还是无法走出失败婚姻的阴影，每当有男士向她吐露心声时，她就会避之唯恐不及。她发现自己早已失去了追求爱和幸福的勇气，成了真正的木鱼。

打一个不太恰当的比方，婚姻就像一场射击比赛，在发射之前如果没有仔细地考虑诸多因素，比如风速，比如枪和子弹有无故障等，便会偏离靶心。如果不是足够清楚自己的目标在哪里，就会导致失败。女人在决定走入婚姻殿堂之前，不能不深思熟虑，切忌因意乱情迷而妄下决定，更不足取的是用自己的幸福去交换某种利益，其结果往往得不偿失，像木鱼这样，追悔莫及。

婚姻绝非儿戏，女人对婚姻有什么样的期许呢？首先是一个温柔体贴的伴侣，他一定有着和蔼亲近、善良细腻的个性；其次是一份相互沟通的乐趣，至少两人的教育背景、社会地位等不能相差甚远；再次是一种被肯定和尊重的感觉，能够令女人产生这种感觉的男人不可能是沙文主义者；最后是一个温馨的家庭港湾，这取决于双方对婚姻关系的奉献和经营程度。

女人应当为目前的恋人绘出一张“素描”。观察他对事业的态度，看他是否有足够的抱负，是否经得起失败，是否有责任感；观察他对生活的态度，看他的办事能力，对金钱的看法，对家务的态度；观察他对亲朋好友的态度，是否支配欲太强，是否脾气太过急躁，是否自私自利从不考虑他人。当然，最重要的是他对你的态度，他支持你学习和工作吗？他关心你的一些小细节吗？你和他理想中的妻子形象差多少？

这样的问题，你可以根据自己的情况，提出更多。不要觉得琐碎，毕竟，婚姻与爱情不同，那些恋爱时不愿示人的东西很快就能在朝夕相对时显露出来。与其最后后悔，何不未雨绸缪，细心体味。如果连这样的问题，你都尚且没有答案，那么还是慎重一些，等一等再去穿上那袭美丽的婚纱。为了未来的幸福，无论如何不能仓促行事，不要把自己的幸福交给机会。

智慧自测题

以下测试仅供参考，看一看你对婚姻持怎样的态度，你又适合怎样的婚姻模式呢？

1. 跟朋友一起拍照，你都会加洗给他们吗？

是的→2题

不是→3题

2. 即使自己并不想去，一旦有朋友去厕所，你也常常会跟着去吗？

是的→4题

不是→5题

3. 说到礼物，你属于下列哪种？

你比较常送人→5题

你比较常收到→6题

4. 如果跟好朋友吵架，你比较讨厌哪一种情形？

讲道理输给人家→7题

听人家自以为是→8题

5. 你跟他一起吃薯片，结果剩下一片，你会说什么？

“你要吃吗？”→8题

“我要吃掉了！”→9题

6. 约会场所最多是哪一种？

他想去的地方→9题

自己想去的地方→10题

7. 你可能是那种受到拜托就难以拒绝的人吗？

是的→11题

不是→12题

8. 是否曾经想过，只要是为了喜欢的人，你可以牺牲生命？

是的→12题

不是→13题

9. 你想早点生小孩吗？

是的→13题

不是→ 14 题

10. 你曾经感情出过轨吗？

是的→ 15 题

不是→ 14 题

11. 觉得自己属于下列哪种人：

擅长倾听→ 16 题

擅长说话→ 12 题

12. 如果要做，你觉得哪个职位比较好？

总经理→ 17 题

副总经理→ 16 题

13. 这是李奥纳多主演的电影，你比较喜欢哪个女主角？

朱丽叶→ 17 题

露丝→ 18 题

14. 经常跟你一起吃午餐的朋友有几个？

4 个以上→ 18 题

3 个以下→ 19 题

15. 你曾经因为自己的任性而失恋过吗？

是的→ 19 题

不是→ 14 题

16. 你是否不常跟朋友借钱，比较常借钱给人家？

是的→ 20 题

不是→ 21 题

17. 你对做义工有兴趣吗？

是的→ 21 题

不是→ 22 题

18. 你跟女性朋友有约，又跟他有约，如果撞期，你会优先考虑哪边？

他→22题

女性朋友→23题

19. 一旦跟男性展开交往，就会维持很久吗？

是的→23题

不是→24题

20. 是否觉得自己是相当孝顺的人？

是的→25题

不是→21题

21. 跟男孩子相处时，你是属于哪种类型？

想照顾他的类型→25题

想被他照顾的类型→26题

22. 大吵一架之后，通常先认错的是谁？

自己→26题

他→27题

23. 跟他去吃饭时，经常是以谁的喜好来选择餐厅？

他→27题

自己→28题

24. 最讨厌等红绿灯吗？

是的→28题

不是→23题

25. 你觉得哪一种人生比较幸福？

平稳的人生→A

多彩的人生→B

26. 你是否讨厌被人束缚，曾经因此而分手？

是的→C

不是→B

27. 如果自己想做的事受到干扰，即使对方是恋人，也可以放弃：

是的→D

不是→C

28. 一旦发现对方有缺点，那个缺点就会越变越大，让你越来越讨厌他：

是的→D

不是→C

★ 结果分析

A型：专职主妇是你梦想的角色

你对结婚的观念可以说是相当保守的。对你而言，女孩子就要结婚，守着家庭，照顾老公跟孩子，这是最重要的工作。这样的你，可以用贤妻良母四个字来形容。你会为了家人的幸福而牺牲自己，同时成为出色的母亲。不过因为你对自己没有自信，所以可能会对老公及孩子过度依赖，这点必须注意。

B型：丁克族的生活是你的理想

对你而言，所谓结婚，指的是夫妻俩互相扶持、彼此照应。你认为夫妻之间应保持平等关系，家庭虽然很重要，不过自己想做的事，你也不会放弃。建议你找个可以跟你分担家务的老公，结婚之后便不需辞掉工作。

C型：也许自己过会比较快乐

对你而言，婚姻是一个无聊的东西。虽然你也想结婚，不过却不想受到束缚。因为你是把时间看得比什么都重要的人，你可以选择跟老公保持一定的距离，如此一来便能享有自由，同时远离离婚危机。

D型：你对婚姻并不抱任何憧憬

也许你觉得婚姻会夺去自己的自由。如果自己想做的事情受到任何干扰，你会觉得难以忍受。虽然你也希望有个情人，但你却不想结婚，你想在兴趣以及工作上有所发展，过自己的自由人生。值得留意的是，有时候你会忽然感到寂寞，这时就需要朋友待在身边。

光有爱还不够

相爱的双方走进婚姻的殿堂，仿佛一切就完美无瑕了。但对于婚姻来说，光有爱情是远远不够的。

婚姻是由琐碎的日常生活组成的，在这里，夫妻双方可以看到对方身上的缺点。如果双方不能平等、宽容地相互对待，婚姻就很难持久。鲁豫有过一次不成功的婚姻，她很少在媒体上谈起这段婚姻，由此可以猜测这段婚姻并不美好。她的前任丈夫是一位外籍人士，精通外语的鲁豫自然不会和他存在交流上的问题，但是文化和生活习惯的差异还是会让两人出现一些摩擦。而他们的感情就在这些摩擦中消耗殆尽，所以鲁豫选择了放手。

这告诉我们，我们对婚姻的态度应该更加谨慎。当你和相爱的人考虑结婚时，请不要把爱情当做唯一的砝码。问问自己以下5个问题：

问题一：我们有共同的生活目标吗？

婚姻意味着你们要一起度过很长的一段时间。你们计划如何度过呢？一起吃饭，跑步？仅仅是这些的话，你可能很快就会感到乏味。你必须和他分享更有意义的事情，有共同的生活目标。在婚姻里有两种情形会发生：你们可以一起成长，或者各自成长。要使婚姻成功，你必须知道你要的是什么样的生活，希望能拥有一个怎样的人生，然后嫁一个目标和你一样的人。

问题二：和这个人分享我的感觉与思想时，觉得安全吗？

这个问题和你们关系的品质有关，“觉得安全”意思是说你能开诚布公地和这个人沟通。良好沟通的基础是信任，确定你要结婚的对象是你在情感上觉得很安全的人。

问题三：他是个什么样的人？

基本上这个世界有两种人：一种是致力于个人成长的人，另一种则是寻求舒适生活的人。那种将过舒适的生活列为目标的人，会把个人的享受摆在第一位。在与他走上红地毯以前，你必须知道这点。

问题四：他如何对待其他人？

促进人际关系最重要的是给予。所谓给予，是使他人快乐。看看他是否喜欢给予？想想看，他对那些他不需要对他们好的人是怎样的情形？例如，公交车司机、清洁人员等。他如何对待父母和兄弟姐妹？他懂得感恩吗？如果他对那个给他所有东西的人都不懂得感恩，不要期望他会珍惜你。

问题五：婚后我是否希望改变他？

有太多人犯了这个错误，就是希望在婚后"改善"他的配偶。你如果无法完全接受他现在的样子，你就还没有做好要结婚的准备。

多多"怜取眼前人"

鲁豫有过一次不成功的婚姻，但幸运的是她重新找到了属于自己的幸福，而有趣的是这个人正是她的初恋男友。鲁豫说她在大学时并不那么优秀，只是忙着谈恋爱和读书，而陪伴着她的就是她青梅竹马的男友。在那段纯真的岁月里，鲁豫和男友一起度过了快乐的时光。可惜年轻人总是不太珍惜握在手中的幸福，两人轻言别离。之后鲁豫遭遇了一次不成功的爱情，兜兜转转一大圈以后发现，自己的幸福仍旧在当年的"眼前人"那里。她快乐地回归了"起点"。

虽然我们提倡结婚前要深思熟虑，但这并不代表女人在选择结婚对象时就一定要货比三家，并且期待着有更好的对象。下面这个故事可以给我们一些启发。

智者对三个弟子进行考试，让他们从麦田里的小道上拾一颗他们自以为是最大的麦粒，但有一个条件是，只能捡一次。

第一个弟子走上了小道，不多久他就看到了一颗大麦粒，于是高兴地捡了回来。第二个弟子一直想远处肯定有更大的麦粒，所以不停地走，直到看到路的尽头了才慌乱地随便捡了一颗。而第三个弟子在路程的中后端捡了一颗很大的麦粒，比其他两人的都大。智者赞许地问他，“你是怎么挑选的呢？”

弟子回答说：“我在走前1/2的路程时，仔细地对比了一下，分出了大中小三类麦粒，但是不急着捡，然后在后1/2的路程，根据已有的经验挑到了一颗大麦粒。”

这就像我们的婚姻选择，有些人十分冲动，一旦动情就立马“闪婚”，结果在婚后又后悔，于是酿成不美满的婚姻。而有些人则不停地找寻，总觉得还有更好的在前方，直到最后年纪大了，或者在父母催促下不得不随便找个人嫁了。真正像第三个弟子这样理智的人却不多，他懂得先观察，然后及时出手，这样才能获得人生的丰收。

100多年前，一个名叫康惠尔的牧师希望为穷学生建一所大学。当时建一所大学大概要花150万美元。康惠尔四处奔走，在各地演讲了5年，恳求有志于学的人捐钱。出乎他意料的是，5年辛苦筹募到的钱不足1000美元。康惠尔深感悲伤，情绪低落。当他走向教堂准备做礼拜的演说词时，低头沉思的他突然发现教堂周围的草枯黄得厉害。他便问园丁：“为什么这里的草长得不如别的教堂周围的草呢？”

园丁抬起头望着牧师回答说：“噢，我猜想你觉得这地方的草长得不好，主要是因为你把这些草和别的草相比较的缘故。看来，我们是常常羡慕别人美丽的草地，希望别人的草地就是我们自己的，却很少去管理自家的草地。”园丁的一席话使康惠尔恍然大悟。他跑进教堂开始撰写演讲稿。

他在演讲中讲了一个农夫的故事：有个农夫拥有一块土地，生活过得还不错。但是，当他听说有些地方埋有钻石时，他便想，只要有一片这样的土地，能找到一块钻石就可以富得难以想象。于是，农夫把自己的地卖了，四处寻找可以发现钻石的地方。农夫在异国他乡流浪了很多年，然而从未发现钻石，最后，他囊空如洗。终于在一天晚上，他在海滩自杀身亡。

可是，那个买下这个农夫土地的人，在散步时无意发现了一块异样的石头，拾起一看，它晶光闪闪，反射出光芒。仔细察看，发现这居然是钻石。这样，就在农夫卖掉的这块土地上，新主人发现了从未被人发现过的钻石宝藏。

这个故事是发人深省的，康惠尔写道：财富不是仅凭奔走四方去发现的，它属于自己去挖掘的人，属于相信自己能在自己的土地上创造奇迹的人。

康惠尔做了 7 年这个“钻石宝藏”的演讲。7 年后，他赚得 800 万美元，这笔钱大大超出了他想建一所学校的需要。今天，这所学校竖立在宾夕法尼亚州的费城，这便是著名学府坦普尔大学——它的建成只是因为一个人从质朴的故事里得到的启迪。

最好的不一定在远处，他可能就在你的身边，但是你总在给自己编织美梦。女人不停地寻找，而往往忽略了身边人。多多拎取眼前人，也许他们才是你真正的归属。

智慧自测题

你是不是经常和闺中密友谈起彼此的择偶标准呢？看看以下的测试，让你发现自己内心真正想找的配偶类型。

1. 男友从远方寄来一个玻璃罐子，你觉得里面装的会是什么？

A. 异国的漂亮糖果→ 3 题

B. 用牛皮纸书写的古老诗句→ 2 题

2. 你比较相信下面哪一句话？

A. 物以类聚，人以群分→3 题

B. 近朱者赤，近墨者黑→4 题

3. 心情不好的时候，你最想怎么做？

A. 听到自己最在乎的人的安慰→4 题

B. 一个人出去兜风或者独自待着→5 题

4. 对于约会你会事先有所计划吗？

A. 是，会事先计划好要去的地点以及餐厅→6 题

B. 随性而行，约会时想到哪儿去哪儿→5 题

5. 看什么类型的电视剧你会容易流泪？

A. 亲情和友情的片子→6 题

B. 爱情片→7 题

6. 你喜欢玩哪一种游戏？

A. 网络游戏→8 题

B. 单机游戏→7 题

7. 你所向往的生活是怎样的呢？

A. 能够拖着行李箱周游世界→10 题

B. 在漂亮的海域定居→9 题

8. 如果听说男友对你撒谎和别的女生出去，你会怎么做？

A. 反正只有一次睁一只眼闭一只眼算了→9 题

B. 一定会大闹一场甚至分手→10 题

9. 如果有公司的晚宴，你会怎么装扮呢？

A. 在家里找出合适的衣服→13 题

B. 出去重新购置最时尚的礼服→12 题

10. 和朋友出去逛街的时候容易受到朋友的鼓动买东西吗？

A. 很容易受到别人的影响→12 题

B. 坚持自己的观点→ 11 题

11. 对于别人辩驳你觉得很正确的理论，你会怎样？

A. 一直跟她说到让对方信服为止→ 12 题

A. 如果觉得没有讨论的必要就放弃争论→ 13 题

12. 结婚后你会答应和丈夫的父母住在一起吗？

A. 这是两个人的生活，所以不希望住在一起→ 14 题

B. 如果他坚持的话会答应→ 15 题

13. 你觉得两个人在一起应该怎样安排生活空间？

A. 要坚持自己有独立的空间→ 14 题

B. 希望两个人能够时刻都在一起→ 15 题

14. 你最不喜欢和哪种人来往？

A. 不能理解自己说的话的人→ B

B. 没有上进心的人→ D

15. 生日的时候会比较重视什么样的礼物？

A. 昂贵的礼物→ C

B. 别致的礼物→ A

★ 结果分析

A 型：你是一个很乐于享受生活的人，你的老公必须是一个浪漫的人，懂得生活情趣，能够随时随地给你特别的惊喜。你是住在象牙塔里的公主，对于两个人的生活充满了各式各样的糖果一样的幻想。对方必须要让你时刻都觉得如情人般浪漫，而又有丈夫般的可靠。

B 型：你需要的是一个睿智的丈夫，有着学者和艺术家的气息会让你时时刻刻都充满了憧憬和仰慕之感。你对自己的才能很有信心，对你来说，只有能够让自己屈服的男人才能够成为你的老公。

C 型：你希望能够嫁入豪门，对你来说对方的经济条件是绝对有主导

权的因素。能够让你对于事情几番挣扎权衡利弊后选择的老公，必然是一个经济条件在选择对象中占尽优势的人。你是一个为了理想可以忍辱负重的人，所以自己创业的话也会有所成就，并且能够在这样的过程中发现自己的猎物。

D型：你是一个有一点以自我为中心的人，能够在人群中充当领导者。在爱情中，你需要的不仅仅是一个热情的恋人，同样需要一个能够对你有所帮助的支持者，你的老公必然要同样有着指挥方遒的气魄。所以对你来说，会为对方的进取心所吸引。

Lesson16 别把婚姻当成爱的牢笼

智慧关键词：婚姻　自由

若把爱情比作一杯浓郁的咖啡，那婚姻生活可能只是一杯白开水。它也许会无比乏味，但却蕴涵着更深沉的人生智慧。

适应爱情与婚姻的温差

鲁豫在《心相约》中谈起她的婚姻，是轻松而玩笑的。她与丈夫从恋爱到结婚，期间经历了很多波折。爱情是甜蜜的，而生活是琐碎的，她不得不经常往返于丈夫的工作地北京和她的工作地香港。她耐心地过着这种旅途般的生活，因为她知道这是守护自己的婚姻所必需的。

王子和公主走进结婚礼堂，故事戛然而止。“从此，他们幸福地生活在一起。”一句话而已，想来却又是那样的不易。实际上，婚姻生活远比爱情来得更长久、更细致、更现实。婚姻能够彻底地改变一个女人，无论是外表还是内心。爱情和婚姻的温度是不同的，爱情是滚烫的，而婚姻却是温暖的，许多人正是由于无法适应婚姻与爱情的温差，而让双方的感情越走越远。

一对曾经让人羡慕不已的恋人，在结婚一年后吵吵闹闹地走上了法庭，要求离婚。朋友、家人都十分惊讶，力图劝说他们："相恋5年，多少次花前月下，为什么反目成仇呢？"妻子委屈地说："他曾说爱我一辈子，可是现在他宁肯欣赏那些街上的漂亮女孩，回到家也懒得看我一眼，还挑三拣四。"丈夫生气地说："你不也一样，在外面都能和颜悦色、温柔体贴地对待每个人，回到家里总是板着脸，絮絮叨叨，总是强词夺理，越来越像个泼妇！"

调解员说："你们都希望对方永远爱自己，可是却经受不了生活中的平凡琐事，自己反省一下，是否是这样的情形？你们有很深的感情基础，应该学着在生活中多制造一些爱的氛围，平凡的生活也有其独特的魅力，试着去寻找吧！"

婚姻是由无数个琐碎的细节叠加而成的，所以说琐碎的生活成就了爱情的永远。在琐碎中发现乐趣，在琐碎中互相谅解，这是拥有美满婚姻的不二法则。

一位社会学博士生，在写毕业论文时糊涂了，因为他在归纳两份相同性质的材料时，发现结论相互矛盾。一份是杂志社提供的4800份调查表，问的是：什么在维持婚姻中起着决定作用（爱情、孩子、性、收入、其他）？90%的人答的是爱情。可是从法院民事庭提供的资料来看，根本不是那么回事，在4800例协议离婚案中，真正因感情彻底破裂而离婚的不到10%，他发现他们大多是因小事而分开的。看来真正维持婚姻的并不是爱情，仅仅有爱情的婚姻未必能维系长久。

例如有这样一个案例，离婚者是一对老人，男的是教师，女的是医生。他们离婚的原因是：男的嗜烟，女的不习惯，女的是素食主义者，男的受不了。

再比如这个案例，这对离婚者大学时曾是同学，上学时谈了 3 年的恋爱，后来在同一个城市工作，他们结婚 5 年后离异。原因是：男的老家是农村的，父母身体不好，姐妹又多，大事小事都要靠他。眼看周围的同学朋友都进入小康行列，他们一家还过着紧日子，女的心里不顺，经常吵架，结果就离婚了。

再比如这个案例，这一对夫妇结婚才半年，男的是警察，睡觉时喜欢开窗，女的不喜欢；女的是护士，喜欢每天洗一次澡，男的做不到。两人为此经常闹矛盾，结果协议离婚。

本来这位博士以为他选择了一个轻松的题目，拿到这些实实在在的资料后，他才发现《爱情与婚姻的辩证关系》是多么难做的一个课题。他去请教他的指导老师，指导老师说，关于这方面的问题你最好去请教那些金婚老人，他们才是专家。于是，他走进大学附近的公园，去结识来此晨练的老人。可是他们的经验之谈令他非常失望，除了宽容、忍让、赏识之类的老生常谈外，在他们身上他也没找出爱情与婚姻的辩证关系。不过在比较中他有了一个小小的发现，那就是：有些人在婚姻上遭遇失败，并不是找错了对象，而是从一开始就没弄明白，在选择爱情的同时，也就选择了一种生活方式。

就是这种选择，决定着婚姻的和谐。有些人没有看到这一点，最后使本来还爱着的两个人走向了分手。走进婚姻，不意味着放弃爱情，虽然爱情是热烈的、滚烫的，婚姻是真实的、温暖的。其实，只要二者真正融合，你就会发现这才是人生最舒服的温度。

放开他并不等于失去他

鲁豫很爱自己的丈夫，但她的爱不是表现在每时每刻都要与他黏在一起，而是给对方自由的空间。这种态度跟很多女人不同。很多热恋中的女性总是希望男友时时刻刻与自己如胶似漆。但生活中的一些事情常常是物极必反的：你越是想得到他的爱，越要他时时刻刻不与你分离，他越会远离你，背弃爱情。你多大幅度地想拉他向左，他就会多大幅度地向右。

常常听结过婚的人谈起自己婚后生活的不顺心，“婚姻是爱情的坟墓。”许多人都觉得这是一句至理名言。为什么两个人都极为珍视的婚姻最后会成为感情的障碍？为什么为了更好地拥有对方而结婚，却使两人离得越来越远？看完下面这篇文章，也许会对我们有所启示。

阿华和丈夫 3 年前结婚，当时丈夫还是一个小职员，每天在外奔波。那时，他有一个寻呼机，每天一到下班阿华就打寻呼要他回来，生怕他在外面学坏了。久而久之，丈夫的同事都笑称他带的是一台“寻夫机”，弄得他很尴尬，回到家就冲阿华发火：“整天 Call，你烦不烦啊？”

一听这话，阿华的委屈如潮水一般涌上来：人家是因为关心你、爱你、害怕失去你才这样，可你却丝毫不领情……久而久之，他们的感情便日渐疏远。

后来阿华偶然间读到一篇文章《放开他，并不等于失去他》，文章里描写了一个和阿华处境相同的女孩，生怕失去恋人，因此就无时无刻不监视着他，弄得他心烦意乱，要和她分手，这使她很伤心。女孩的母亲是一个很有哲学家气质的人，听女儿诉说了自己的烦恼后，带她到了海边，捧起一捧沙子对女儿说：“孩子，你看，我轻轻地捧着它们，它们会漏掉吗？”女儿看了一会儿，一粒沙子也没有从母亲手中滑落，就摇了摇头。接着，母亲说：“再用力抓紧它们，你看会漏掉吗？”说完，就用力去握沙子，奇怪的是，她握得越紧，沙子从指缝里漏得越多、越快，不一会儿，所有的沙子就都从母亲的手中漏光了。这时，女儿忽然明白了：爱情和沙子一样，握得越紧，就越容易失去。

读到这里，阿华豁然开朗：是啊，为什么一定要像握沙子一样握紧他呢？作为男人，他有自己的事业，有自己的天空，为什么不放开他，给他一定的自由呢？从此，阿华改变了很多，不再追根究底地查他的去向。说来也怪，从此丈夫对阿华的态度有了明显改善，晚回家时总是会给阿华打电话说一声。

在结婚纪念日的时候，丈夫动情地对阿华说："曾经有一段时间，我觉得自己好像犯人一样。我为了能让我们的生活过得更好在外面打拼，回家却还要接受你的拷问。那段时间我很苦闷。而突然你像变了一个人一样，总是对我很宽容，也给了我足够的自由让我可以专心于事业。也奇怪了，之后我每当超过八点还没有回家就会格外惦记你，所以都会给你打电话。"

对爱无须抓得太死，也不必给得太多，多了会让人窒息。越是想抓牢，越容易成为枷锁。爱情和婚姻都需要自由呼吸，相处就像是一门艺术，要用心、用浪漫去调和，才能琴瑟和鸣，水乳交融。

生活并不是一帆风顺的，很多时候我们需要学会放手。然而学会放手要比学会坚持更难得，因为那需要更大的勇气。

为自己留一块"禁地"

鲁豫很欣赏作家三毛，也很推崇三毛与丈夫的相处之道。三毛曾经说过，自己与丈夫荷西坦诚相待，但无论如何也会在自己的心里开辟出一块地方，这是完全属于自己的地方，甚至对荷西也是不开放的。

即便是在婚后，也不要让丈夫占据你生活的全部，为自己留出一块专属的地方。这里告诉你如何为自己留出"禁地"：你可以为自己保留一些秘密。这并不是说你需要瞒着丈夫做一些事情，而是指属于你的过往，尤其是那些可能会影响到你们夫妻关系的事情，如果可以你就让这些事成为永远尘封的秘密吧。千万不要“为了坦诚而坦白”，有些时候隐瞒比坦诚更友好、更利于你们的夫妻关系。

一个女人在订婚前夕，坦诚告诉未婚夫往昔复杂的情感经历，结果换来的是一场无疾而终的婚姻；一对原本恩爱的夫妻，只因妻子无意间邂逅了初恋男友，被丈夫知道后，从此，怀疑与不信任瓦解了浓情蜜意，生活充满吵闹。

到底夫妻或恋人之间该不该坦诚，能不能有所保留？相信 80% 以上的人认为不该把自己的过去毫无保留地全盘托出。其实，每个人都有自己不同的人生经历与境遇，所交往和接触的人也都不一样，因此，每个人都会有自己的隐私，恋人、夫妻也不例外。留点秘密给自己会让你的生活少一分猜疑，多一点快乐。当然，留点秘密给自己并非有意欺骗，教你背离坦率、忠诚的原则。只是要你说话前多思考，以免祸从口出，或破坏了一段不可多得的爱情。这也体现了人与人之间的一种相处艺术，掌握好分寸，你就会拥有好的人缘。

当然，这绝不是鼓励夫妻、情侣之间存在“欺骗”行为，任其成为彼此关系的绊脚石，但当某些话或事必须保留才不会影响到彼此的感情和生活时，不妨留点秘密给自己。但请记住，所谓的“保留”应是出于善意的原则，而非故意作出伤害彼此关系的行为，否则，便是欺骗而非保留了。

一个聪明的女人具有非凡的创造力，她会用全新的生活去覆盖自己的过去。留点秘密给自己，女人就多了一分魅力，而要想使自己的魅力保持得更长久，适当保留一些秘密更是必需的，同时，这也是一种生活的艺术。

Lesson17 夏娃不仅仅是亚当的肋骨

智慧关键词：平等　尊重

包容的心让你有“情人的眼”

为什么情人眼里出西施，你可以说是热切的感情蒙蔽了理智的双眼，所以对对方的一切瑕疵都可以视而不见，一切错误都可以被包容。而反过来，如果你能始终拥有一颗宽容的心，包容对方的缺点，那么你不是始终拥有了这样一双“情人的眼”？而夫妻双方都用情人的眼睛互相看待，婚姻才能持久保鲜。

鲁豫和丈夫 13 岁相识，18 岁相爱。他们一起度过懵懂的青春，期间经历了离别。当他们重逢时，鲁豫说：“什么都不曾改变。”在她的眼里，他依旧是那个会迁就她、宠她的大哥哥。而在他的眼里，她也依旧是那个需要人疼的小妹妹。他们的婚姻，没有挑剔，只有迁就和包容。

挑剔对方的缺点可能是婚姻最大的敌人之一。当夫妻双方都失去了情人眼，看到的都是对方的缺点和不尽如人意的地方，那么就会产生厌恶感。久而久之，你会变得更加挑剔，你们的婚姻也就会岌岌可危了。而明智的婚姻守护者懂得如何包容对方。

英国著名政治家迪斯雷利是在35岁时才向一位有钱的、比他大15岁的寡妇恩玛莉求婚的，恩玛莉既不年轻也不美貌，更不聪明，她说话充满了使人发笑的文字上的与历史上的错误。例如，她“永不知道希腊人和罗马人哪一个在先”，她对服装的品位古怪，对屋舍装饰的品位奇异，但迪斯雷利没有过分挑剔这些。无论恩玛莉在公众场所显得如何缺乏知识，或没有思想，迪斯雷利都不批评她。他从未说过一句责备的话，如果有人讥笑她，他会立即站出来护卫她。迪斯雷利也并不是毫无缺点，但在30年的婚姻生活中，恩玛莉也从未厌倦谈论她的丈夫，她总是在不断地称赞他。恩玛莉也常常幸福地告诉他与她的朋友们：“谢谢他的恩爱，我的一生简直是一幕很长的喜剧。”

正如美国著名的心理学家詹姆士所说的：“与家人交往，第一件应该学会的事，就是不要只注意对方的缺点，如果那些东西并不是激烈得与我们相冲的话。”

以下是让自己变得更加包容的几种方法：

1. 想他所想

当你们发生摩擦时，设身处地地站在对方的立场上想想，你会发现也许自己也有50%的责任。认识到他并不是所有麻烦的制造者，会让你减少对他的责怪。

2. 求同存异

没有人是和你受过完全相同的教育和有着完全相同的生活经历的，每个人都会以自己的方式去行事或以自己的观念去考虑和评价问题，要承认与你有不同想法的好人是存在的。而你的另一半自然也是如此，他不可能总是与你持同样的想法，所以有些时候如果意见不同就随他去。

3. 在列数他的缺点之前，先看看他的优点

在婚姻中，妻子往往喜欢数落丈夫的种种不是。当你也有这样的想法时，请先想一想他的优点。不要以“他一无是处”为借口，每个人都有优点。当你能正视这些优点时，你才能客观地与他谈论他的缺点，而不会让他觉得你仅仅是在无理取闹。

智慧自测题

下面的问题可以测查你是否能够宽容对方。

1. 你对那些同你观点不同的刊物：

A. 从来不看。

B. 如果碰到的话也可看看。

C. 看，而且还特别有兴趣。

2. 你最赞成下列哪种说法？

A. 如果对犯罪行为惩办得更严厉一些，犯罪行为就会减少。

B. 社会的状况好一些，相应的犯罪就会少一些。

C. 我认为了解犯罪者的心理最重要。

3. 你会允许自己的子女同外国人结婚吗？

A. 会的。

B. 不会。

C. 未经仔细考虑某些具体问题之前，是不会的。

4. 当你的朋友做了你极不赞成的事时：

A. 你会跟他断绝来往。

B. 你会把你的感受告诉他，但仍然和他保持友谊。

C. 你会告诫自己此事与自己无关，同他的关系依然如前。

5. 你多数朋友在性格上：

A. 都和你很相像。

B. 与你不同，并且他们之间也彼此不同。

C. 与你大体相同。

6. 如果在朋友聚会时，自己的言论被某人强烈抨击，你会：

A. 感到很愤怒，与他争执。

B. 觉得他也不无道理。

C. 不把这事放在心上，设法转移话题。

7. 在外面玩的孩子害你不能集中精力工作时：

A. 你会因孩子们玩得快乐而高兴。

B. 你对他们发脾气。

C. 你会感到心烦。

8. 有些上岁数的人喜欢大惊小怪或瞎操心，你对此的反应是：

A. 耐心地听。

B. 心烦。

C. 不一定。

★ 评分标准

1. 选 A 得 4 分；选 B 得 2 分；选 C 得 0 分。

2. 选 A 得 4 分；选 B 得 2 分；选 C 得 0 分。

3. 选 A 得 0 分；选 B 得 4 分；选 C 得 2 分。

4. 选 A 得 4 分；选 B 得 0 分；选 C 得 0 分。

5. 选 A 得 4 分；选 B 得 0 分；选 C 得 2 分。

6. 选 A 得 4 分；选 B 得 0 分；选 C 得 2 分。

7. 选 A 得 0 分；选 B 得 4 分；选 C 得 2 分。

8. 选 A 得 0 分；选 B 得 4 分；选 C 得 2 分。

★ 结果分析

8分以下：你是一位很能包容的人，能够充分考虑到对方的情况与立场，理解他人的困难。你不在乎别人的意见和自己不同，能够容忍偏激的意见。

9～24分：你具备一定的宽容力，基本上能理解和自己想法不同的意见，可以接受新潮流、新思想。但当这些思想与你的信条矛盾时，你还会对其持怀疑态度。

25分以上：你缺乏包容心，排斥和自己不同的意见，希望所有人和自己的想法一致。在对方的眼里，你可能是一个专横霸道、固执己见的人。

营造和谐婚姻，先要学会爱自己

除了在书里提及了自己结婚时的一些趣事，鲁豫很少在公众场合谈及自己的婚姻。但关注鲁豫的人都知道，她的婚姻是美满而幸福的，诀窍就在于鲁豫能分清工作和家庭的界限。她会把心力投入在自己的事业上，同时对自己的家庭又丝毫不掉以轻心，正是她美满的家庭成为她成功事业的坚强后盾。

家庭的和谐、美满，使人身心健康、愉快而能自如地应付人生中的挑战。反之，家庭不和谐，不仅导致各方面关系处理不好，而且长此下去，还使人身心憔悴，不利身心健康，更难以有充沛的精力去在职场上奋斗。所以，人们应该努力处理好家庭的关系，努力创建一个和睦、幸福的家庭。

社会在不断发展，女性的社会地位也随之得到了进一步的提高，有许多女性成了社会的佼佼者，成了支撑半边天的重要人物。在这个时代里，夫妻之间的相互依赖、相互支撑、相互帮助是夫妻关系和谐的象征。但仍有不少女性，将男人作为她可依可攀的树，作为她生活的全部。一旦身边没有男人，便会无精打采；一旦话题离开男人，就觉得索然无味。女人把丈夫当成自己的全部，爱的天平就会发生倾斜，这种倾斜会影响夫妻感情的正常发展，最终对女人危害甚深。

女性长期痛苦的另一个重要原因，就是让男性来决定自身的价值。女性把丈夫当成自己的全部，完全依赖于男性，也会给男性带来沉重的压力，对他的工作、生活都是非常不利的。时间久了，婚姻的质量必然会受到影响。把丈夫或者孩子看做自己唯一依靠的女性，会对他们付出自己全部的爱。有的时候这份爱便成了一种束缚，甚至让对方感到窒息。而女性却会因为自己付出了全部的感情结果却毫无回报或回报甚少，变得更加偏执。她们实际上忘了先爱自己，怎样摆脱依赖，给自己一点爱，你可以这样做。

(1) 要从思想上认识到过分依赖的危害，努力培养自己遇事多动脑的习惯。凡是拿不准的事情，要自己反复思考后，拿出解决问题的初步方案再与丈夫商量，久而久之，就会使自己积累起一些经验，为日后自己单独处理问题奠定基础。

(2) 要培养自己的自信心和独立意识。要明白过分依赖不是在加深或巩固丈夫对自己的爱情，而是在削弱自己在丈夫面前的吸引力，是在摧毁爱情。同时要加强自身修养，培养良好的生活习惯。

(3) 要有勇气按照自己的愿望、意志行事，不要总是违心地讨好丈夫而失去自我。遇事要有主张，而不是看丈夫的眼色行事。要知道，生活的真正实质在于独立，只有独立才会受到别人（包括丈夫）的尊敬。那些敢于独立思考、独立行事，并获得成功的人，才是最令人钦佩的。

给自己一点爱，就是多听听自己的心声，不要一味地遵从丈夫的意见。虽然你们因为神圣的婚姻结合在一起，但请记住你们仍然还是两个个体，各自都需要发展。完全依赖对方，失去自我，对你的婚姻并没有好处。相反，你会成为对方的累赘，让他不厌其烦。所以，不如多多关注自己，与他构建更平等的婚姻关系。就像战友一样，平等、互相帮扶，共同对抗漫长岁月对感情的侵蚀。

智慧自测题

以下是对婚姻美满度的测试。

根据婚姻中的实际情况，用“是”或“否”判断下列说法。

1. 我们会因为同样的笑话开怀大笑，会在很多事情上保持默契。

2. 我们的生活习惯，包括吃穿用等方面的习惯基本相同，没有什么大的分歧。

3. 只要是和我的爱人在一起，就算被困在荒岛上几个星期，我也心甘情愿。

4. 在哪里吃饭比吃什么更难以让我们达成一致，因为我们一个人注重吃饭的环境，另一个则更看重食物的质量。

5. 我为我爱人的职业感到骄傲，我爱人也很支持我的职业选择。

6. 如果有机会去海边，我们中会有一个人兴奋地去冲浪，另一个人则宁愿躺在海滩上晒太阳。

7. 两个人都有相同的道德倾向，对那些傍大款、富婆的人，我们都会表示厌恶。

8. 制订计划的时候，我们中的一个人会郑重其事地找出记事本，写在上面，另一个人则常常是随手抓一张废纸，写在背面。

9. 我们对当前社会上的一些时髦现象，比如染彩色头发、穿露脐装等持有共同的态度。

10. 我们中的一个人在吃的方面很简单，爱好方便面和汉堡，另外一个则对营养和美食颇有研究。

11. 对于一些有争议的社会热点问题（比如同性恋婚姻、是否可以克隆人……），我们持相同的立场。

12. 在生活习惯上，我们中的一个人习惯把内衣叠好，整齐地放进抽屉，另一个人则只是随便地把它们塞进去。

13. 我们中的一个人如果给自己的父母送去一些钱或礼品，另一个人会表示反对或不理解。

14. 对夫妻生活，两个人都比较热衷，而且很融洽，在一起的感觉很好。

15. 有一方或者双方都不想谈论有关性的问题，觉得只要做得好就可以了，这种问题没有必要谈论。

★ 评分标准

1、2、3、5、7、9、11、14题答“是”得1分，选“否”得0分；其他各题答“是”得0分，选“否”得1分。

★ 结果分析

7分以下：你们的婚姻生活有很大的隐患，两个人的分歧太多，生活中容易出现矛盾，两个人还没有磨合好。

7～14分：婚姻生活比较美满，双方有分歧，也有互补性，如果关系处理得好的话，肯定是美满的一对。需要注意的问题是遇到争执的时候需要保持冷静。爱，需要双方共同的呵护。

15分：婚姻生活已经经受住了考验，两个人在各方面都比较默契。需要注意的是不要因为太熟悉而产生厌倦心理。

绕开婚姻禁忌，不做黄脸婆

很多男人总会半开玩笑半认真地形容自己的太太是“家中的黄脸婆”，这个词并不仅仅是指妻子的容颜渐老，更多的是指妻子的性情变得越来越难缠。结婚前乖巧、羞怯的可人儿变得唠叨，在家中颐指气使。这样的人当然成了丈夫口中的黄脸婆。

鲁豫不愿意变成这样的黄脸婆，她的秘诀就是尊重丈夫，并且尊重丈夫的爱好。世界杯时，她还与丈夫一起熬夜看球，一起欢呼雀跃。这样可爱可亲的老婆，绝对不会成为难缠的黄脸婆。所以已为人妇的女人们，不妨学学鲁豫，也和丈夫一起看球吧。除此以外，请一定要避开一些婚姻中的禁忌。

1. 忌唠叨

唠叨是对夫妻关系破坏最大的因素，要维护家庭生活幸福，切勿唠叨。可能妻子会认为唠叨是关心的表现，正是因为心中时时刻刻惦记着那个人，才会事无巨细地一遍又一遍地叮咛嘱咐。殊不知，丈夫们大多却不能理解这份关怀，他们很多时候就像还没有长大的小孩，而妻子的叮咛对他们来说就像是母亲的唠叨，会让他们产生逆反心理。所以，聪明的妻子要尽量少唠叨。

2. 忌不讲礼貌

中国古代崇尚“相敬如宾”的夫妻关系，虽然夫妻之间太过客气会显得不那么亲近，但必要的礼貌还是应当有的。

对于陌生人，我们不会想到去打断他的话，对于朋友，我们不会在得到允许之前拆开他们的信件，或者偷窥他们的秘密。但是对我们自己家里人，也就是我们最亲密的人，我们却可能做出这些不礼貌的事情。

礼貌对于婚姻，就像机油对于马达一样重要。因此，如果你想要维持家庭生活的幸福快乐，请记住这些基本的礼貌。

3. 忌不冷静

在伤痛时一定要抑制心中的悲伤，保持头脑的冷静，考虑应如何妥善处理。若过于激动，非但无济于事，还会使情况变得更糟。

4. 忌批评对方

狄更斯是研究婚姻不幸问题的专家。他认为，在所有婚姻中，有 50% 以上是失败的。他认为使许多罗曼蒂克之梦撞击离婚礁石的一个原因，就是因为批评——无用的、令人厌烦的批评。

英国政治家格雷斯顿在公众面前的形象是令人敬畏的，但在家中他从未对自己的妻子发过脾气。当他早晨下楼用餐时，发现妻子贪睡没有为他准备早餐。他会用一种温柔的方式表示责备：提高嗓门说一些无关紧要的话，如“我的帽子呢”或者“报纸在哪里”。这样妻子就会从睡梦中醒来，知道英国最忙的人独自在楼下等候他的早餐。所以，如果你想要拥有快乐的家庭生活，请记住不要批评你的丈夫。

5. 忌试图改变对方

很多女人都会有“改变丈夫”的想法，企图把丈夫改变成自己心中的理想模样，让他的一举一动都在自己的控制之中。只要秉持着这样的想法，总是会在婚姻中制造出各种障碍。你会发现，你的改变活动通常都不能成功，而且有时会引起丈夫极大的反感。丈夫会觉得你在干涉他，小心他会激烈地反抗，变本加厉地做你不允许他做的事情。

所以，如果你想拥有快乐的家庭生活，不要试图改变你的另一半。

避开了这些禁忌，作为妻子的你才能避免沦为黄脸婆。

智慧自测题

你会变成不注重生活品质的黄脸婆吗？看看下面这个趣味测试吧。

1. 你理想中的屋子外形是怎样的？

A. 具欧洲古堡风情的红砖屋

B. 素净简单的美式白色小屋

C. 有大自然风味的木制乡村屋

2. 你觉得屋子门口放什么会吸引别人呢？

A. 充满大自然感觉的大鱼缸

B. 富丽堂皇的大理石大道

C. 浪漫温馨的鲜花拱门

3. 如果有与众不同的柜子，你觉得是怎样的？

A. 可以抽成真空的衣柜，衣服不易变坏

B. 有香味的衣柜，可令衣服带有芳香

C. 高科技电动衣柜，可自动感应开关

4. 你的书房会设计成什么样？

A. Office 大老板房的事业型

B. 经典设计的简约型

C. 学校式木制台椅般的怀旧型

5. 你房间的墙会用什么图案？

A. 使用单色

B. 如云、鸟或树等大自然的图案

C. 方格、图形等图案

6. 房里有个柜子会是什么形状？

A. 正方形

B. 不规则的几何形

C. 太空式的圆桶形

★ 评分标准

选 A 得 1 分，B 得 2 分，C 得 3 分。

★ 结果分析

6～8 分：你很有可能成为黄脸婆。你从结婚之日起，脸上就开始变色，天天妆也不化，脸色渐渐从白里透红变成暗黄惨白，老公开始对你颇有微词，下班也不愿回来对着你。之后你会终日郁郁寡欢，乱发脾气，经常和老公吵闹。一定要注意自己的情绪。

9～11分：你是模范老婆。不止入得厨房出得厅堂，还有自己的事业，深得男人心之余，女人也会以你为榜样。你坚持要有自己的事业，不靠老公，且具备中国传统女性的美德，无论工作有多忙，你都一定会抽空打理家务，照顾家人。相对来说家庭是你的首选。

12～14分：你是重视物质条件的老婆。物欲与享乐是你生命中不能缺少的，所以你婚后的生活会多姿多彩，天天逛街 Shopping。不过也不要过分奢侈啊，超出了家庭的承受能力也会给你与丈夫之间的感情带来危机的。

15～18分：最依赖人的老婆。你安然享受着丈夫的照顾，希望他对你的关怀无微不至。并且总是想着请保姆帮你做家务，或者丈夫抢着做拖地、洗碗这样的事。想法是很好的，但是如果遇上了大男子主义的丈夫，你的小算盘就打错了。

Lesson18 做丈夫最忠诚的“信徒”

智慧关键词：欣赏 信任

欣赏的真谛：在酸楚中坚信未来是甜的

夫妻双方如果能够互相欣赏，很多困扰婚姻的难题就可以迎刃而解。鲁豫在《心相约》里提及丈夫时，总是很轻松和喜悦。这是丈夫带给她的感受，而正是因为互相欣赏，他们的关系始终很和谐。相反，很多人恰恰是因为不欣赏自己的另一半，对他多方挑剔，才让很多小事情显得严重，很多小阻碍变成婚姻难以逾越的大障碍。而生活中的一些小事，往往能让我们理解何为欣赏的真谛。

一个小孩子拿着一袋糖给父亲，调皮地说：“爸爸，你从来没吃过这么甜的糖。”父亲放了一块在嘴里，哇，好酸哪！父亲赶紧把糖吐了出来。小孩的母亲不相信，也来试试，在丈夫和儿子的鼓励下坚持了20秒，也终于因为忍受不了而宣告失败。

儿子朝他们撇撇嘴。妻子和丈夫忍不住又试了试，强忍着酸涩，忍耐了50秒钟后，竟然品出一种香香甜甜的味道。

那糖袋上印着一段很有趣的文字：

这里能体会你人生多少的勇气和毅力。

10秒不要灰心哦！

20秒够劲吧！继续坚持！

30秒我们了解你的感受。

40秒渐渐你会发现它的奥妙。

50秒胜利属于你！

其实这就像婚姻，平凡和苦涩中常有甜蜜和温情，只要你在必要的时候坚持一下、耐心一点。夫妻之间的争吵，其实大多数情况下并没有大的矛盾，只是一些鸡毛蒜皮的小事。夫妻之间互相欣赏何尝不是这样，在众多的琐事背后，多想想他曾经让你仰慕的地方。

曾经掀起收视热潮的电视剧《中国式离婚》讲述了一个颇具代表性的中国家庭的故事。妻子是小学教师，丈夫是国营医院的外科医生。但在妻子林小枫眼里，平凡的丈夫似乎一无是处，不能给她和儿子带来富贵安逸的生活，她觉得被排除在现代大都市的生活之外。于是妻子觉得很失落，对丈夫多番挑剔，甚至将对丈夫的失望和瞧不起公开化，两人的婚姻陷入危机，最终不得不走上离婚的道路。

《中国式离婚》之所以能热播，在于编剧抓住了很多中国家庭不和谐的关键——互相挑剔。“孩子都是自己的好，妻子都是别人的好”，婚姻中的男女都有一种奇怪的心理，即总是用自己孩子的长处去与别人孩子的短处比，而用自己妻子或丈夫的短处去与别人妻子或丈夫的长处比，并陷入痛苦不满之中而不能自拔。

像《中国式离婚》里的妻子林小枫，对丈夫有着过高的要求，希望他能在经济上更加强势，颇有一种“望夫成龙”的意味。甚至不顾丈夫自己的意见一味劝说、强迫，逼迫他选择一条他自己并不认同的道路。这样的结果只能是两个人都不能如愿。

所以，婚姻中夫妻双方要抛弃挑剔，学会相互欣赏。所谓欣赏，并不是说对方就必须得多么的伟大和高尚，平凡的人也会有闪光点。夫妻间的相互欣赏其实可以源自耐心和发现。就像我们在本节开始所说到的糖，当你在品尝婚姻这颗糖时，也请在忍耐中等待甜蜜的时刻。

智慧自测题

看看这道测试题，把你的选项和后面的答案对比，看看你对丈夫的宽容度是怎样的。

1. 假如你知道丈夫对你撒了谎：

A. 请他道歉。

B. 做出根本不知道他撒谎的样子。

C. 把自己当时想的全说出来。

2. 假如丈夫忘记了你们的结婚纪念日：

A. 感到难受，很久都不同他说话。

B. 把这个日子明显地写在丈夫能经常看到的地方。

C. 责备丈夫。

3. 当你才把地冲干净或才擦亮了地板时，他从街上回来，穿着带泥的鞋子在屋里走来走去：

A. 叫他站住快脱下带泥的鞋。

B. 指着他弄脏的地方要他打扫干净。

C. 我想我也会弄脏地板的。

4. 清晨丈夫离家上班时他上衣的纽扣掉了，而回家时纽扣又缝上了：

A. 我会因为纽扣不是我缝上的而不自在。

B. 请他把这件事讲清楚。

C. 我对这类小事不予理会。

5. 最近这段时间丈夫对你格外亲热：

A. 对他也报以格外的温存。

B. 我力求弄清楚他对我犯了什么过错。

C. 我趁这个机会谈谈我想要一件时髦的衣服。

6. 你送给丈夫一条领带，可是他不喜欢：

A. 竭力劝丈夫去商店换一条领带。

B. 既然我认为在这方面比他会鉴赏，就会使他确信这条领带很适合他。

C. 马上抓起剪刀把领带剪碎。

7. 在别人家做客时，丈夫当着你的面向另一个女性大献殷勤：

A. 努力使这事化成笑谈。

B. 装出一副不在乎的样子，回到家里再力求弄清他俩的关系。

C. 当场就呵斥他。

8. 你发现丈夫浓密的头发变得稀疏或秃顶时：

A. 说这毫不影响外表，而暗地里悄悄向医生请教怎么办。

B. 要他去医院咨询。

C. 在家庭争吵中含沙射影挖苦他。

9. 最近丈夫回来很晚，又心不在焉，易于发脾气：

A. 使他开诚布公地说出心里话，并进行帮助。

B. 想方设法地检查他是否有了外遇。

C. 警告他再这样就离婚。

10. 丈夫作出了值得称赞的行为时，你对此又如何评价：

A. 对他的行为作出应有的评价。

B. 他值得受奖励。

C. 认为这不过是偶然的事情。

★ **评分标准**

参考答案为B、B、C、C、A、A、A、A、A、B。答对一题得5分。

★ **结果分析**

25分以上：你善良、温柔、体贴人，深谙男人的心理，你对感情很有分寸。你善于维护家庭的和睦、安宁，善于保持夫妻间的互相信任。

15～25分：你内心还是爱你丈夫的，还是想和他长期相处下去，可是你又随时对他声严色厉并经常平白无故地斥责他。

15分以下：你同丈夫的关系冷淡，从你的回答来评判，你有过错。你总是我行我素、固执己见。

就算无人喝彩，你也要是他的观众

西方神话里，夏娃是用亚当的肋骨做成的。这样的说法总是让人感觉到女人对男人的依附性，所以我们在前面的章节也反驳过这样的说法。不过有些时候，换个视角来看，女人真的可以做男人的骨头，并且是“主心骨”。在夫妻之间，很多时候如果没有妻子的支持，丈夫就难以做成自己的事业。鲁豫从来不干涉丈夫的事业，为此他们必须分居北京和香港。同样，丈夫对鲁豫的事业也很支持。他们宁愿这样往返于两地，也绝对不愿意成为对方的事业道路上的障碍。

有人说，男人最强的激发力是取悦女人的欲望，这样的说法有几分道理。古代男人为了在女人面前表现英勇会去与野兽搏斗，现代的男人会为了取悦女性去创造财富和追逐权势、名气。除了满足男人天生的征服欲望以外，男人拼命工作的大部分原因就是为了能给妻子和其他家人提供更好的生活条件。

大部分的男人不会承认他们易受自己所喜爱的女人的影响，因为雄性动物天生就喜欢被认为是物种中的强者。此外，聪明的女人也会认同这种男子汉气概的特质，且明智地对这一点不予以争辩。有些男人知道自己受周围的女人——妻子、情人、母亲或姊妹——的影响，但他们会机敏地不过度反抗这股影响力。因为他们知道，如果没有女人所给予的正确的影响力的话，他们是不会快乐的。尤其是当他的事业无人喝彩时，作为妻子的你更应当成为他的观众，成为他不可缺少的“主心骨”。

19世纪末，底特律的一个电灯公司以月薪11美元雇用了一名年轻的技工。他每天工作10小时，回家以后，还常常花费半个晚上在一间旧棚子里工作，想要设计出一种新的引擎。他的父亲是个农夫，认为自己的儿子是在浪费时间。邻居们都说，这位年轻技工是个大笨牛。

每个人都在取笑他，没有人认为他能够造出什么东西来。当时，只有一个人相信他会成功，那就是他的太太。当白天的工作做完以后，他的太太就在小棚子里帮助他研究。冬天，很早天色就暗了，他太太提着煤油灯为他照明，使他能够工作。他太太的牙齿在寒风中颤抖着，手冻成了紫色。但是她相信她先生的引擎终有一天会设计成功，所以她先生称呼她是自己的“信徒”。

后来，他终于成功了。1893年，在这个年轻人30岁生日的前几天，他的邻居们都被一连串奇怪的声音吓了一大跳。他们跑到窗口，看到那个大怪人——亨利·福特和他的太太，正乘坐着一辆没有马的马车，在路上摇晃着前进。那辆车子真的可以跑到转角那么远然后又跑回来。

一个新工业诞生了，这个新工业对这个工业乃至这个世界都产生了深远的影响。如果亨利·福特是这个新工业之父，那福特夫人这位“信徒”，就可以当之无愧地被叫做新工业之母了。

50年以后，当福特先生，被问到他下一次出生时希望成为什么样的人。“我不在乎，”福特先生说，“只要能够和我太太在一起。”他终生都称他的太太为“信徒”，而且希望永远和她在一起。

每个男人都需要一个信徒，一个在环境艰苦的时候，仍然相信他、鼓励他的女人。当别人都不相信他的时候，当他处境危急的时候，当他屡次遭遇失败的时候，男人需要一个能帮他树立起自信心的太太，让他知道有人会永远无条件地跟他站在一起。如果连他的妻子都不信任他，还有谁会信任他呢？

当法国著名的科幻小说家凡尔纳还没有成功的时候，他的小说稿一次次地被出版社退了回来。当退到第17次的时候，他沮丧极了，决定把书稿投进火炉，发誓今世再也不写书了。可是他的妻子，一位可敬的女人，一把将书稿从火炉里抢出来，对丈夫说：“你再试一次吧，亲爱的。我相信你，你能行。”凡尔纳在妻子的鼓励下，再一次投稿，这一次成功了，而且一举成名。

相互安慰、相互鼓励、相互扶助，对夫妻来说实在太重要了。在正常情况下，夫妻要共同生活一辈子，在这漫长的人生道路上，哪能总是风和日丽、一马平川呢？总难免有磕磕碰碰、艰难曲折。在这种情况下，人对人的安慰和鼓励、支持和帮助就十分重要了。能敏感地觉察到丈夫的情况变化，能深刻地了解丈夫的心理特征，说的话最亲切，对丈夫的情绪能起到很大的稳定作用，能时时处处给丈夫最大的精神动力的妻子，才算是丈夫最贴心的“肋骨”，也是最重要的“主心骨”。

好妻子是丈夫的左膀右臂

做丈夫的好帮手，是对妻子更深层次的要求。一个持家有方、任劳任怨的好妻子是难得的，但能够成为丈夫的左膀右臂，帮助他走向事业和人生的成功，这样的妻子则让人肃然起敬。

中国著名的建筑学家林徽因和梁思成夫妇是在情感上相濡以沫、事业上相互扶持的一对。婚后不久梁思成就到东北大学任教，林徽因回福州看望母亲。梁思成因是该校建筑系第一位系主任，又是所有课程的老师，工作千头万绪，忙得不可开交。他写信让林徽因尽快赶到东北。林徽因没有抱怨，在建筑系担任专业英语和建筑设计课老师，她认真、敬业，不怕辛苦，为梁思成分担了不少压力。

后来，两人同时应聘到中国营造学社任职，从事中国古代建筑的研究。林徽因协助他搜集资料、绘图摄影、研究历史典籍、制作整理卡片。在林徽因的支持与帮助下，仅用了很短的时间，梁思成的两部专著就脱稿了。林徽因又辅佐梁思成设计了燕京大学女大学生宿舍，并在两年后陪同梁思成远赴山西，考察云冈石窟。

梁思成怎能不感动呢？对这样一位贤内助，他用自己著作中序言的一段话表达了对妻子的尊重与感谢：“内子林徽因在本书中为我分担的工作，除绪论外，自开始至脱稿以后数次的增修删改，在照片之摄制及选择，图版之分配上，最后更精心校读，我实指不出分工区域。所以至少说她便是这书一半的著者才对。”

做丈夫的好帮手，成为他的挚友、老师和向导。只有当你像呵护你自己那样去关爱你的丈夫时，你才会发现你在他心中是最有价值的，是生命中不可或缺的，他亦会满怀深情地呵护着你。在相互的关怀和爱护中，爱情之火永远炽烈，婚姻之花永远盛开。

当丈夫在单位受到领导的批评而闷闷不乐时；当丈夫被卷进领导阶层的权力斗争而败阵时；当丈夫在是非善恶面前举棋不定时；当丈夫因工作出现阻力而一筹莫展时……妻子就应站在他的身后，帮他解决困苦，逢凶化吉，化险为夷，让他抖擞精神，继续奋进。而女人的伟大之处就在于自己做参谋、出点子，让男人出头露面，去享受成功的荣耀。在成功的喜悦里，男人当然也领悟到“功名册”里，有自己的一半，也有老婆的一半。古今中外的名人传记中可以发现，妻子的安慰和鼓励、支持与帮助，对名人的成功有时起着重要作用。

阿根廷总统庇隆在暴乱和革命时，被国内反对派关进监狱。为了营救庇隆，他的爱人埃娃使出浑身解数，到全国各地宣传演讲，为庇隆争取民众支持。出身贫贱的她将自己黑暗的过去当做拉拢人心的工具，其中最著名的一段演讲是：“你们的苦楚，我尝试过，你们的贫困，我经历过。庇隆救过我，也会救你们，庇隆会支持穷人，爱护穷人，如果不是这样，他怎么会对我宠爱有加。”

埃娃的演讲感动了阿根廷民众，在她的鼓舞下，全国各地爆发了游行示威，要求当局释放庇隆。在民众的强大支持下，庇隆重获自由。面对成千上万的欢迎他的人，庇隆紧紧地拥抱着埃娃，发自内心地高呼：“感谢埃娃！感谢人民！”在那一刻，庇隆意识到，埃娃就是自己政治生涯的救星，他的生命中不能没有这个女人。1946 年，在埃娃的帮助下，庇隆当选为总统，埃娃顺理成章地成为受民众爱戴的第一夫人。

这样的例子还有很多，试想，如果没有这些好妻子的安慰与鼓励、支持与帮助，这些伟大的男人们也许就会一生默默无闻。“好妻子是一所好学校”，如果你能够成为丈夫的学校，你在他的生命中就能占据重要的地位。

智慧自测题

俗语中把能够对丈夫的事业和生活起帮助作用的妻子叫有“帮夫运”的人，这样的女子往往是丈夫生活和事业的“贵人”。看看下面的趣味测试，你是有“帮夫运”的人吗？

1. 你是个嘴唇色泽偏红的女生吗？

A. 是的，唇色比较红润→2题

B. 不算是，唇色比较淡白或黯黑→3题

2. 你向往怎样的生活？

A. 幽静、安逸的生活→3题

B. 热闹、忙碌的生活→5题

3. 你会对自己的头发作怎样的评价？

A. 头发柔软顺滑→5题

B. 头发干燥粗硬→4题

4. 你是否花了很多心思在头发上？

A. 不是，我是顺其自然的人→9题

B. 是的，常为头发问题烦心→7题

5. 你是属于那种一进超市就忍不住乱买东西的人吗？

A. 是啊，总是禁不住诱惑→6题

B. 没有，我事先列好清单了→8题

6. 你愿意花几千块买一个LV的包吗？

A. 愿意，自己喜欢最重要→9题

B. 不愿意，太贵了→8题

7. 你会在伴侣面前和异性亲密交谈吗？

A. 不会，我会避讳→10题

B. 会，我不觉得这有什么关系→5题

8. 你是能做得一手好菜的人吗？

A. 不能，我煮的东西根本不能吃→11题

B. 能啊，我烹饪技术挺好的→13题

9. 你愿意花大笔费用装修什么地方呢？

A. 厨房→10题

B. 浴室→11题

10. 如果丈夫调皮的侄子要托付给你，你会怎么办？

A. 耐心地照顾好他→14题

B. 很心烦，会呵斥他→12题

11. 你崇拜的偶像是属于什么行业的？

A. 演艺事业或者文化事业→15题

B. 财经界或者历史名人→14题

12. 你比较讨厌以下哪只宠物？

A. 一只心高气傲的猫→11题

B. 一只整天黏人的狗→14题

13. 如果你丈夫的远房亲戚向你借钱，你会怎么做？

A. 很爽快地借给他→15题

B. 比较谨慎，还要他立下字据→B

14. 你会在卧室悬挂以下哪种东西呢？

A. 一幅抽象画→D

B. 一个时钟→A

15. 你愿意与伴侣去哪儿约会呢？

A. 没人打扰的幽静公园→E

B. 大家一起热闹的KTV→C

★ 结果分析

A型：你自信干练，理智冷静，不轻易被感情冲晕头脑，是独立型妻子。你有属于自己的生活圈子，要你依附丈夫或全听他的话是不可能的。你对将来和自己的事业都有独特的想法，这样对你丈夫或者自己的事业发展会有极大帮助。

B型：你宽厚善良、善解人意，是个做事脚踏实地的女人，对于任何事情都会一心一意地认真投入，是忠诚型妻子。你会全身心地投入于建立一个和谐的家庭，和丈夫举案齐眉，对丈夫的家人毕恭毕敬。你绝对信任自已的丈夫，你视对方为你的一切，即使他有什么地方不对你也会采取宽容的态度。这样的你为丈夫的成功创造了一个很好的环境。

C型：你活跃开放，充满激情与活力，喜欢新鲜的事物和新奇的生活，是活泼型妻子。你的想法总是追赶着潮流，你擅长交际，朋友总是一群群地涌来家里，你的个性比较不成熟，喜欢幻想一些不切实际的事情，这样的人没有什“帮夫运”。

D型：你高傲挑剔、积极上进，时刻追求着完美的生活，你属于挑剔型妻子。你浑身充满了艺术家的浪漫气息，对生活有着独特的品位。你对丈夫要求十分高，他既要有雄厚的经济基础，还要有不错的长相，更重要的是一定要有深厚的内涵。你要求自己拥有一段完美的婚姻、一个完美的丈夫。但是过分地要求完美最后会变成“挑剔女王”，很有可能把丈夫逼疯。

E型：你开朗大度、温和敦厚，既不情绪化也不大起大落，你属于小鸟依人型妻子。平常的你对待丈夫柔情似水，常常给予他爱和关怀，被丈夫视为可爱的小女子，常常有想保护你的感觉。你更擅长打理家庭的琐事，关心丈夫的事业，并在他身心憔悴时鼓励他，帮助他事业取得成功。

Lesson19 双面夏娃：女强人与好主妇缺一不可

智慧关键词：双赢　和谐

叱咤职场的女强人其实不少，持家有道的好主妇也不少见。但集两种身份于一身的人确是少之又少。但女人天生贪心，事业与家庭兼顾才是幸福女人的终极目标。

事业和家庭，两手抓两手都要硬

事业和家庭，两个看似并不矛盾的词语，却成了困扰许多现代女性的一大难题。

我们需要事业，但我们也需要爱情和亲情，需要鼓励，需要充电，需要温暖，需要自在的时光，这才是我们普通人的幸福。作为社会家庭中的普通一员，我们输不起家庭，同样也输不起事业。家庭是事业的后盾，有了温馨的家庭，我们才能全身心地投入到事业中去；事业是家庭的保障，有一份良好、稳定的工作，我们才能更好地享受幸福生活，两者之间是不可分割的一体。

总有些人认为，家庭、事业不能兼顾。其实，事业和家庭，两者并不矛盾。现实生活中，大多数人都采取了两者兼顾的做法，不是生活得也很幸福吗？

事业和家庭，放弃其中的任何一个都是不大现实的。试想一下，如果没有事业，整个家庭就没有经济来源，就无法担负起家的责任；而脱离了家庭，事业再好也没什么意义。

家庭与事业同等重要。如果你已经成了家，下班后、节假日就应该陪家人共进晚餐，享受天伦之乐。比如鲁豫，因为工作的关系，她与丈夫分居香港和北京，所以经常可以在机场看见鲁豫提着轻便行李箱的身影——她总是定时回北京与丈夫团聚。而一些盲目追求事业的人，置家庭于不顾，“三过家门而不入”，这样很容易和你的家人产生隔阂。不能只站在事业的角度去看家庭，同样也不能总站在家庭的角度去对待事业。而应该在建立一个完美家庭氛围的同时，用这种氛围去对待事业，让家庭成为事业的后盾。

只有对生活充满热爱、对工作富有激情的人才能拥有美好的人生。家庭和事业，就像人生的基石，缺少了任何一块，你都无法在这个世界上轻松地站立起来。

如何做个双面夏娃

职业女性加上家庭主妇的双重身份让很多女性成为双面夏娃。这两个面貌有时相互限制，只顾一方必然就会忽略了另一方，这样就产生了角色冲突。如果不及时加以调整，就会引发矛盾。

鲁豫认为，有所成就的职业女性容易重视事业轻视家庭。但如果能调整好自己的角色，在演好职业角色的同时，也演好家庭角色，这个问题就解决了。

忙碌着的李燕，在自己的工作日程表上永远都有一个特殊的日子，那就是家庭日。即使工作再忙，每个星期天都是她雷打不动的“家庭日”。如今的她拥有一连串的头衔，但绝非是人们一贯想象的女强人形象。她一面是业绩显赫的总经理，一面又是家里优秀的主妇。她说事业有成需要家人的默默无闻来支持。她这么说也这么做了，多年来她都很快乐地处于高效工作与幸福生活的平衡支点上，游刃有余。

再成功的职业女性也是要认清自己的“双料”身份，白领丽人也好，女经理、女企业家也好，只是个社会角色，是止于家庭外的。如果将这种身份带回家，就会伤及另一方。倘若女性想把事业作为自己追求的唯一目标，舍弃家庭而不顾，这样做，也许她的事业成功了，但她却失去了爱情与婚姻的快乐。

苏联电影《办公室的故事》中的女主角，作为局长她完全够格，每天严肃认真，板着一副“冷冰冰的面孔”，穿着“死气沉沉”的衣服，她走到哪里，哪里便鸦雀无声，她像灭火器一样，把人性的多彩都熄灭了，结果落得个孤家寡人，若不是后来的改变，她可真要成为嫁不出去的老姑娘了。

所以双面夏娃们一定要处理好家庭关系，必须把握好平衡的艺术。做到以下几点会对你有很大帮助：

1. 理解万岁

家庭是人心灵栖息的港湾，多一分理解，多为对方设想一些，才能让家真正成为一个让人依恋的地方。

2. 必要的信任

对家人，尤其是对自己的丈夫要多一份信任。没有信任感的家庭就好像是在沙上筑塔，别想建立起和睦温馨的家庭。缺乏信任是通往美满家庭之路的最大阻碍，每个人的成长经验都会影响到信任能力的养成，幸福的家庭是建立在互相信任的基础上的。

3. 留足经营感情的时间

现代社会里，竞争激烈，生活节奏日益加快，每个人的工作都十分繁忙。有不少人因忙于事业而顾不上和家人交流感情，以致一家人经常不能一起吃饭、休息。所以即使工作再忙，也要巧于安排，挤出时间留给家人共同生活，交流感情。

4. 警惕财务危机

结婚以后，如果不能搞好家庭的收支平衡，就会出现财务危机，影响家庭幸福。有些家庭，钱归一方掌管，如果不能做到财务公开，当一方经济要求得不到满足时，也会产生家庭矛盾。因此，要夫妻双方共同理财，坚持量入为出的持家原则，勤俭节约，精打细算。手中要始终留有一些应急经费，以备不时之需。这样，既能防财务危机于未然，又保证了不因财务而影响家庭和睦。

尊重他，就算你是女王

因为职业关系，鲁豫也算得上是聚光灯下的明星，而她的丈夫朱雷则是隐藏在摄像机后的摄像师，是幕后工作者。他们的婚姻也算得上是明星与普通人的结合，所以总能引起大家的兴趣。但在鲁豫的笔下，他们跟任何普通夫妇一样拥有平凡而幸福的小日子。而对于妻子是明星这件事，鲁豫在《心相约》里以诙谐的笔调这样写道，当丈夫来香港时，向同一个旅行团的人说起自己的老婆在电视台工作，对方立即问他是不是凤凰卫视。敦厚的朱雷没好意思说老婆就是陈鲁豫。听到丈夫的叙述，鲁豫笑嘻嘻地说："这有什么，下次别人再问，你就说是小莉呗。"

这是他们夫妻生活中一个最普通的细节，以管窥豹，也可以推测出他们生活的甜蜜。这里没有耀眼的明星，只有一对普通夫妻之间调皮的玩笑。不仅是鲁豫，很多拥有幸福家庭的成功职业女性都懂得如何在家庭中抹掉自己的职场影子，与对方平等相待。

人们在单位、在社会上充当着各种各样的规范化角色，恪尽职守的国家公务员、精明体面的商人，还有广大工人，但一回到家里，脱去西装也就意味着脱掉了你所扮演的这一角色的“行头”，即社会对这一角色的规矩和种种要求、束缚，还原了你的本来面目，使你尽可能地享受天伦之乐。假若你在家里还跟在社会上一样认真、一样循规蹈矩，每说一句话、每做一件事还要考虑对错、妥否，顾忌影响、后果，掂量再三，那不仅可笑，也太累了。

维多利亚女王和阿尔倍托结婚多年来，夫妻二人相处和睦，但是也有不愉快的时候，原因就在于妻子是女王的缘故。

有一天晚上，皇宫举行盛大宴会，女王忙于接见贵族王公，却把她的丈夫冷落在一边。阿尔倍托很是生气，就悄悄回到卧室。不久，听到有人敲门，房间里的阿尔倍托很冷静地问：

“谁？”

敲门的人昂然答道：“我是女王。”

门没有开，房间里一点动静都没有。

敲门人悻悻地离开了，但她走了一半，又回过头，再去敲门。房内又问：“谁？”

敲门的人和气地说：“维多利亚。”

可是，门依然紧闭。

维多利亚沮丧地站了一会儿，突然意识到了什么，于是又重新敲门。里面仍然冷静地问：“谁？”

敲门的人这次温柔地说：“亲爱的，我是你的妻子。”

这一次，门开了。

尊重和权力是对立的，家庭需要的是尊重而不是权力。如果你在工作中担任经理或局长之类的职务，就会习惯于对下属发号施令，让他们做这做那，但你要记住千万不要把工作中的权力带回家，否则你的婚姻将会危机重重。就算你是女王，回到家里你也只是他的妻子。

在现实生活中夫妻仅仅是夫妻，不要为头衔所拖累，在夫妻的二人世界里，不存在高低贵贱之分，不要有任何的优越感，只有互相理解和尊重，彼此关心与照顾，这才是幸福的婚姻生活。

第五篇

平凡的生活也要活出真意

——给生活加点情趣

我们很难拥有偶像剧主角的精彩生活，我们大多数人将过着平凡的生活。这是一个事实，但不同的态度又会让最后的结果变得不一样。你可以选择得过且过，不关心时尚，也不在乎自己的生活品质。你也可以在日常生活中多花一点心思：关注自己的健康；做做环保；培养一些爱好；通过学习和领悟，逐步提高自己的品位……所有这些努力，你能在平凡的生活中找到乐趣，并由衷感谢生命的馈赠。

Lesson20 幸福终点站，健康是唯一的直通车

智慧关键词：健康　运动

当你拥有时，总是忽略它的存在，而一旦失去就显出弥足的珍贵。这就是健康对你的意义。其实只要平时多用一点心，就不会等到失去时才追悔莫及。

关注健康是你一辈子的功课

健康是人生的第一财富，也是每个女人幸福一生的资本。人生就是人的生命的全过程，它包含着一个人的全部精神生活和物质生活。每一个人就是一部历史、一个图书馆。写好历史、充实图书馆的第一要务是自己拥有健康。没有健康，一切都是空的、白的，难言和痛苦的。

强大的工作负荷下，鲁豫曾经有一段时间身体不适，此时这个平时只注重工作的“工作狂”才意识到健康的重要。失去了健康，不仅自己和家人难受，工作也大失水准。鲁豫不得不花重金看医生，并且也接受了医生给她的健康提议。这个一直不喜欢运动的人，也开始做一些如步行、瑜伽等健身活动。其实，无论你是谁，如果不关注自己的健康，就会受到惩罚。上帝在这一点上很公平。

其实要想保持健康也并非极其艰难，你只需要在平时的生活中做到以下几点即可：

1. 均衡营养

女性都讨厌脂肪，而且脂肪类食物会增加身体的疲劳感，因此不可多食。但是也不可不食，因为脂类是大脑运转所必需的营养物质，缺乏脂类将影响思维，因此应适量食用。

要广泛摄入各类维生素，你可以多吃一些水果，品种尽量丰富一些。

2. 参加运动

运动是放松心情的良药，多多运动还可以提高人体对疾病的抵抗能力。可以制订一个锻炼计划，通过慢跑、骑车、打球等，释放情绪，减少自由基的侵害。

3. 烟酒是最大的禁忌

吸烟时人体血管容易发生痉挛，局部器官血液供应减少，营养素和氧气供给减少，尤其是呼吸道黏膜得不到氧气和养料供给，抗病能力也会随之下降。少饮酒有益健康，嗜酒、醉酒、酗酒会降低人体免疫力，必须严格限制。

4. 保证睡眠

女性大多知道美容觉对于养颜的意义，其实睡眠对于健康一样意义重大。每天尽量早睡早起，少熬夜，才能美丽与健康双丰收。

此外对于女性来说，还有一些特殊的方面需要格外注意一下，归纳起来就是“三个一”工程：

每一天。女人的身体每天都要产生一些分泌物，这些分泌物经微生物污染，可引起外阴的各种疾病。因此，清洗外阴和更换内裤，应是女性每天晚上都要完成的必修课，这关系到女性生殖健康，不可忽视。

每一月。女性每个月中最该注意的事情就是经期卫生，我们提倡成年女性每个月进行一次乳房自查，因为乳房和子宫颈是妇女最容易患癌瘤的部位，乳房自查可及早发现乳房疾病，早治疗，花钱少，效果好。

每一年。35岁以上的妇女应该每年作一次妇科检查，因为宫颈癌在早期没有明显症状，等到身体敲响了警钟就为时已晚，越早发现，治疗效果越好。

女人是妻子、母亲、女儿，是一个家庭中不可缺少的中流砥柱。如果你失去了健康，家人会比你更加难过。为了和美的家庭，女人应该关注自己，呵护自己，关爱自己的健康是你一辈子都要做的功课。

智慧自测题

以下是关于女性身体健康的标准，比照每一条，看看你是否符合：

1. 拥有充沛的精力，能从容不迫地应付日常生活以及工作的压力，而不感到过分紧张。

2. 处事乐观，态度积极，乐于承担责任。

3. 善于休息，睡眠良好。

4. 应变能力强，能适应外界环境的各种变化。

5. 能抵抗一般性感冒和传染病。

6. 体重适当，身材匀称；站立时，头、肩、臀位置协调。

7. 眼睛明亮，反应敏锐，眼睑不易发炎。

8. 牙齿清洁，无痛感，齿根颜色正常，无出血症状。

9. 头发有光泽，无头屑。

10. 肌肉、皮肤有弹性，走路轻松。

★ 结果分析

以上10条，体现了健康所包含的躯体、心理的完好状态和社会适应能力三方面的内容。

在这些标准中，前4条包含了精神健康，后6条包含了身体健康，在身体健康方面，也包含有形体美的要求。如果你还没有达到某些标准，就要注意自己的健康状况了。

现代女性的健康误区

当现代都市女性被各种健康问题困扰以后，很多人开始关心起自己的身体。她们会搜罗各种有关女性健康的信息来武装自己的观念，殊不知，相当一部分人“聪明反被聪明误”，把小道信息或是传言当成良言良药，把不利于健康的习惯当做健康习惯来执行，结果使自己的身体在不知不觉中受到损伤。还有些人看了一点报纸杂志就以为自己很懂，不舒服也不去看医生，相信自己可以解决，其实完全不是那么回事。

误区一：多坐坐，缓解工作疲劳

现在的都市生活让女人们很忙，尤其是那些不肯放弃事业的女性。于是，喊着需要休息的人越来越多。其实久坐不动的生活和工作习惯，对健康的损害几乎是“从头到脚”的：引起颈椎僵硬，影响颈动脉对头部的供血；破坏正常的脊柱生理弯曲，骨连接处因缺少黏液而变得干燥，易引发关节炎和脊椎病；整个躯体重量全部压在腰骶部，压力分布不均，引起腰、腹、背部肌肉下垂或疼痛；胃肠蠕动慢，食物聚积于此，加重胃肠负担，长此以往，会导致胃及十二指肠溃疡；血液循环减慢，增加患痔疮的风险；女性还会因盆腔静脉回流受阻，淤血过多而导致盆腔炎、附件炎等妇科疾病；办公桌下的空间过窄，双腿难以伸直，令下肢的血液不畅，容易造成双腿麻痹。

误区二："难言之隐"自己解决

因为"难言"，所以你从来都自己充当医生的角色，只要觉得"那个地方"不对劲就跑到药店，一边听推销员喋喋不休地声称"这个什么菌都能杀"，一边心想药品说明书上列出了那么多，总有一条和自己对症吧。下次再遇到"非常"情况，你又去药店寻求更强力的杀菌药物。停停吧！这种自行诊治会导致恶性循环，甚至引起更严重的生殖器官感染。

误区三：相信所谓的"安全期"

尽管医学教科书和生理卫生科普读物尚未改写有关"安全期"的内容，但是，越来越多的医学证据表明，月经周期和排卵周期并不总是一致的，现实情况是两者有时重合，有时各行其是，虽然原因还不确定，但这意味着月经周期中再没有真正的"安全期"，你随时存在排卵的可能性。另外，男性每秒能制造出 2000 个精子，如果你在无任何避孕措施的情况下让这些精子进入身体，它们至少能存活 48 小时，最长甚至达到 8 天！而你，永远都无法预料自己何时会排卵，即使月经刚结束时也不例外。

误区四：穿宽跟的高跟鞋就 OK

你可能早就知道穿又窄又尖的高跟鞋对膝盖有害，会引发骨关节炎和脚疾。但是，别以为鞋跟宽了就没问题。实际情况是，尖跟和宽跟的高跟鞋给你带来的健康损害并没有什么区别，有时候甚至穿宽跟高跟鞋更不健康。高跟鞋对膝盖的危害是指走路时增加了膝盖平常所承受的压力，即"膝盖转动力矩"。膝盖所受的转动力矩越大，膝盖周围的软骨组织就越容易损坏，日后就会发展成骨关节炎。经过长期医学观察发现，穿宽跟高跟鞋时膝关节转动力矩增加的幅度，比穿窄跟高跟鞋竟然还要大。另外，因为宽跟高跟鞋给人一种更稳的感觉，站立时也更舒服，很多女性便每天都穿着。双脚的感觉倒是好了许多，却让膝盖遭受更长时间、更大幅度的磨损。骨关节炎是慢性形成的，当你发现身体大不如从前的时候，它才跑出来发难。

除了这些误区以外，还要提醒热衷减肥的女性朋友们，适当的体重也是健康的条件。鲁豫在这一点上没能成为大家的表率，很多喜欢她的观众也都希望这个纤细得有些过分的女主持人能够更胖一点。因为有的时候，太过瘦弱就显出几分病态了。这里不仅是对鲁豫，也是对更多爱美的女人说：先有健康，然后才有美丽。

“动”起来，健康活力添风采

医学之父希波克拉底曾经说了一句话，这句话流传了两千多年。他是这样说的：“阳光、空气、水和运动，这是生命和健康的源泉。”可见人的生命和健康离不开阳光、水和运动，运动和阳光同样重要。

询问任何一个保健医生，他都会说：运动是健康的必要条件。运动是女人健康人生的重要内容。只有运动，才能使人体的各种功能得到充分发挥。持之以恒地运动的最大好处就是让女人的身体更加健康。合理的运动能使女性身体更加健美，并让这种良好状态保持下去，从而提高女性对身体的满意度。女人能从运动中得到快乐，在锻炼过程中，手脚互动，伸展肢体，内心的抑郁就会随之消失。

鲁豫并非是热爱运动的人，但她还是会坚持抽出时间练习瑜伽。在练习瑜伽的过程中她得到了心灵的舒解，也锻炼了身体。和鲁豫一样，很多职业女性都有着巨大的工作压力，但这并不妨碍她们抽出时间参与一项运动。这里就介绍一些适合女性的运动：

1. 游泳——做一条美人鱼

游泳是一项有氧运动，也是一项从头至脚都能得到锻炼的运动。长期进行游泳锻炼，不仅是水浴、空气浴、日光浴三者相结合的运动，也有着与大自然特别亲近的惬意，而且游泳益处多多，因而备受广大女性的喜爱。

2. 步行是最好的运动

俗话说："饭后百步走，活到九十九。饭后就散步，不用上药铺。"可见，步行是较好的运动方式。目前，仅北美洲每天就有 8000 多万人参加步行运动。在欧洲，步行运动、徒步旅行日益成为现代人的生活时尚。

3. 在瑜伽中修养身心

瑜伽是鲁豫最喜爱的运动方式。空灵、舒展的音乐，配合着身体的一个又一个造型，如清风、如流水、如露珠、如鸟鸣，瑜伽能修养身心。练习瑜伽需要有一个光线充足的场地，需要有干净清洁的空间，需要有从容的心态。

除了以上运动，自行车、各种球类运动、健身房器械运动等都是你锻炼身体的好选择。不过需要提醒的是，运动是为了保持健康。所以要根据自身的实际情况来制订运动计划。举例来说，对大多数职业女性来说，每天慢跑半小时就已经可以达到锻炼的目的了，如果你像参加"铁人赛"一样强迫自己坚持 5 小时，那么很可能这个锻炼会让你疲劳不堪。有句话说得好：每天自虐 5 分钟叫锻炼，每天锻炼 5 小时叫自虐。适度运动才是健康的选择。

健康心经：爱吃不如会吃

爱吃，可以说是女人的天性。但是聪明女人知道怎样吃得开心，又在美食里享受健康与美丽。人们总是说女人的美丽是吃出来的，这里的"吃"是有节奏的吃，有准备的吃，有选择的吃，有心的吃，更似调养。调养对于女人，如根对于花。有根，才能年年有花香；无根，只能花开一时。同样，只有调养，女人才能时时光润，岁岁美丽。

现在纤细瘦弱的鲁豫当年是一只小馋猫，曾经一口气能吃下 7 个煎蛋。不过如今的她主张吃得少、吃得精，并且在吃饭后站半个小时，帮助消化。这个秘诀她总是不厌其烦地告诉想减肥的女同事们。

除了鲁豫“少而精”的饮食理论，会吃还包括这些要求：

首先便是一定要吃早餐。早餐是一天活力的源泉，更是想要拥有苗条曲线的人所应遵守的饮食行为，因为早餐的热量是一天当中最容易被消耗掉的，如果把大部分的热量留在晚餐，就容易变成脂肪囤积。有许多年轻的女性常以早上没有时间或减肥为理由而不吃早餐。对一位聪明的职业女性来说，这是十分错误的想法。不吃早餐，早上的工作便没精神去做。为了有充沛的体力和干劲去处理事务，早餐是非吃不可的。

除此之外，最好每天保证一杯豆浆。尤其是中国女性，肠胃更适应豆浆而不是牛奶。每天一杯豆浆能够为你提供蛋白质，并且能够延缓衰老。

另外我们的饮食搭配一定要营养均衡。均衡膳食是健康饮食的基本标准，听起来似乎很麻烦其实做起来很简单。你需要保证你每天的饮食中都有肉类、蔬菜、水果等，种类最好丰富一些，而在这其中，肉类所占的比例要小一些。

除了这些基本的饮食要求，你还要知道这些平时生活中的误区：

误区一：新鲜蔬菜一定比冷冻蔬菜更有营养

经过科学试验证明，新鲜蔬菜与冷冻蔬菜的营养价值是相等的，如果存在差异，只取决于烹调的方法和技艺。

误区二：热油炒菜香

炒菜时，当油温高达200℃以上，会产生一种叫做丙烯醛的气体。它是油烟的主要成分，对人体的呼吸系统极为有害。另外，丙烯醛还会使油产生大量极易致癌的过氧化物。因此，炒菜还是用八成热的油较好。

误区三：调味佐料不厌多

据美国的一项医学研究结果表明，胡椒、桂皮、丁香、小茴香、生姜等天然调味品具有一定的毒性，如饮食中喜爱厚重之味，大量使用调味品，有致人体细胞畸形、诱发癌症的可能。轻者有口干、咽喉痛、精神不振、失眠等症，重者则会诱发高血压、胃肠炎等多种疾病。因此，日常饮食中以尽量少用调味作料为好。

误区四：饭后马上吃水果

科学家经过研究后指出，水果中含有大量的单糖类物质，很容易被小肠吸收，但若被饭菜堵塞在胃中，就会因腐败而形成胀气、胃部不适。所以，吃水果应在饭前1小时或饭后2小时为宜。

误区五：豆制品吃得越多越好

营养学家认为，黄豆中的蛋白质能阻碍人体对铁元素的吸收，从而出现缺铁性贫血，表现出不同程度的疲倦、嗜睡等贫血症状。所以，尽管豆制品富含营养，但也不是多多益善，还是以适量为宜。

在食物中享受美味，又在饮食里享受健康和快乐，这是多么惬意的事情！所以，聪明的女人们，“会吃”也是一门学问啊，在日常生活中多多实践吧。

智慧自测题

看看以下选项，你的答案是“是”、“偶尔”，还是“否”呢？对照结果分析，看看你是否拥有健康的饮食习惯。

1. 不愿意倒掉剩菜，坚持“收盘底”。
2. 喜欢吃泡菜以及咸鱼、腊肉等腌制食品。
3. 经常吃方便面。
4. 经常吃刚屠宰的猪、牛、羊肉，认为其最新鲜，质量最好。
5. 喜爱吃动物内脏，如猪肝、猪大肠、羊杂碎等。
6. 喜欢选购白馒头、挂面等面食，认为颜色越白越好。
7. 喜爱吃烧烤类食物，如羊肉串、烤鱿鱼等。
8. 喜欢在看电视、读书或行走时吃东西。

9. 不管食物营养价值如何，只要对胃口就买。
10. 喜欢吃素。
11. 为了某种目的，时常节食或严格限制饮食。
12. 喜欢用咖啡、冷饮或罐装甜饮料代替日常饮水。
13. 喜欢吃全麦面包或杂粮。
14. 每天喝一杯牛奶或酸奶。
15. 在每3天的食谱中，都会安排胡萝卜、番茄。
16. 买西瓜、草莓喜欢挑个大的。
17. 用餐后马上吃水果。
18. 晚餐通常是三餐中最丰盛的。
19. 常吃大豆、豌豆或扁豆。
20. 常吃洋葱、大蒜、姜。
21. 每周都吃河鱼或海鱼。
22. 常吃柑橘类水果，如柚子、橙子或橘子。
23. 经常不吃早餐。
24. 常在农贸市场购买没有包装的豆腐和豆制品。
25. 从小到现在一直偏爱某类食物。
26. 菜里要是盐、味精放少了，会觉得没有味道很难下咽。
27. 炒菜时，等油冒烟了才放菜。
28. 放了好几天的剩菜，只要觉得没放坏就加热后继续食用。
29. 每天刷碗时都用洗洁精。
30. 喜食甜食，烹炒各种菜时都喜欢放些糖。

★ 评分标准

以上13、14、15、19、20、21、22题答“是”得2分，答“偶尔”得1分，答“否”得0分；1、2、3、4、5、6、7、8、9、10、11、12、

16、17、18、23、24、25、26、27、28、29、30题答“是”得0分，答“偶尔”得1分，答“否”得2分。

★ 结果分析

50～60分：你的饮食习惯十分健康。能达到这个级别的人并不多，说明你非常了解如何健康地安排饮食，有良好的生活习惯，有高水准的饮食安全与营养方面的知识。

40～50分：你的饮食习惯还不错。您有较高水准的饮食安全与营养知识，有较高水平的健康饮食理念、方式和习惯。您的健康饮食水平高出平均水平，但还有可以提升的地方。

30～40分：你的饮食习惯一般。你需要多多关注食品健康方面的信息，以获取更多的食品安全与营养方面的知识，提高健康意识，注重改变健康饮食方式和习惯。

30分以下：你需要改善你的饮食习惯。如果不加以改变，会损害身体健康。

Lesson21 品味生活的咖啡香

智慧关键词：品位　爱好

品位高是对女人最上乘的赞美。高品位不是曲高和寡，而是源于对生活的细心体会。始终带着热情去用心地生活，善待自己的小小喜好。平凡生活也能烙下品位的印记。

品位：用心发现生活之美

每个女人都渴望成为一个有品位的人，因为品位会使终日蒙尘的生活闪闪发亮。执著于品位的女人是热爱生活的人，追寻有品位生活的女人是优雅的女人。我们从来不会吝啬把“美女”的头衔给一个女人，而我们却很少夸一个女人有品位。鲁豫并不是那种长相惊艳的女子，但在《鲁豫有约》中的她一举一动，优雅尽显。于是对她的描述中总是会有这样一些词语：知性、优雅、高品位。

她的高品位是她内涵的外在表现。因为一个人的品位，是与其所处环境、经历、修养、知识分不开的。只有有意识地培养良好的修养，积累丰富的知识，才能有充实的内心世界，才能表现出高尚的思想和高雅的品位。有品位的女人是善良、机智的，又是成熟、自尊的，她们大多知识广博丰富，思想深刻充实，谈吐文雅大方，衣着雅致得体。

凌菲菲是一家知名房产集团的副总裁，几年前，她到一个破产拍卖的机械厂考察。这里到处是大树和杂草，还有一些废旧的机械和厂房。在别人眼里，这块地方改造难度太大。但凌菲菲决定把这个破旧的花园式工厂彻底改造成一个低密度、高品质、50%原生态绿化覆盖率的大型艺术生态居住小区。

她请12名国内外知名艺术家以工厂原有的机器设备、生产的产品零部件为原料开始创作，那些原先看起来毫无用途的破旧厂房和废旧机器竟然成了园区的点睛之笔。为了保护散生的树木，她邀来美国某知名大学景观设计系主任做技术指导，再请来园林工人，将这些大树进行全冠移植。造房挖出的土，也被她像宝贝一样保存起来，而且还专门安排了两个人每天浇水。土里有很多珍贵的树种和草子，让新建小区充满自然的野趣。小山一样的土堆已经长满了不知名的野花和狗尾巴草。

这就是凌菲菲的品位。她不会跟风去做什么“欧式风”、“小镇系列”等楼市概念，而是在复杂细节中融合历史文化和现代技术，使自己的房子既有极高的品质，也凸现出现代风格。这个生态小区一经推出就引发了购房热潮。凌菲菲的事业获得了巨大的成功。

人们常说，做人要有气质，做事要有风格。作为一个女人，也要有自己的特色。纯真的气质洋溢着女性深邃的内涵，高雅的风采闪烁着赏心悦目的亮光，这就是女人的品位。凌菲菲就是以独到的品位创造了自己事业的辉煌。

有品位的女人会用自己的眼睛发现身边的美，并用心去感受它。其实品位的培养并不复杂，每一个注重细节的女人，都有机会成为品位女人。一瓶花、一杯茶、一首歌……都可以在无形中体现一个女人的品位。

插花是品位女人的必修课。把大自然的绿色和鲜花带回家，自己动手布置，可以调剂生活、陶冶情操。在安静的房间里，让自己的心沉淀下来，看着摊开一桌的清新花草，赏心悦目，为平凡的都市生活增加几分典雅。

音乐是品位女人应具备的艺术素养。在假日悠闲的午后，沏一壶绿茶，闭上眼睛，走入音乐的世界。想象自己正漫步在斜阳下的山坡上，沐浴着清香的微风；或是静坐在斜阳西照的花园里，回想往事……经典音乐，让女人的一切烦躁都变得云淡风轻。

茶道让品位女人的心灵更安静。好茶一壶，能让女人的心更加宁静，散发柔美内涵和女人独有的味道。闲暇之余，泡一壶好茶，约两三知己，一盏香茗，促膝畅谈，只谈风月，无关名利，享受这惬意时光。

读书让品位女人更充实。腹有诗书的女人，好比一坛尘封已久的女儿红，启开来，香气扑面而来，令人迷醉。经典的书籍能让你洞察世事。你的文字使你与众不同，你的文采与常识使你的身上自然呈现出一种高雅。

厨艺让品位女人更幸福。系上漂亮围裙，挽起缕缕长发，走进雅致的厨房，切丝削片，与心爱的人一起分享美味，这何尝不是女人的另一种韵味呢？为了爱，倾尽手艺，烧一桌好菜，更能使女人赢得爱人的心。

装扮让品位女人更美丽。可可·香奈儿“永远要以最得体的打扮出门，因为，也许就在你转弯的墙角，你会遇到今生至爱的人”。这可以理解为女人装扮的最高境界：不能放过每个细节，一秒钟都不能懈怠。装扮是女人的第二语言，哪怕不交谈，它也一目了然地告诉别人，你的职业、品位、个人气质和文化层次。所以，即使是周末的午后，在阳台的躺椅上小憩，也要穿上最雅致的便服。

旅行让品位女人更悠闲。对于女人来说，旅行是漫无目的地行走，直到遇到好风景、好心情，再也迈不开步伐。女人的旅行没有计划，没有日程，走到哪里都是欣喜。在日复一日的工作里，放下手头不管多重要的文件，走出去，享受艳阳天。

女人的品位，是时间打不败的美丽。纵使容颜易老，品位也将使你永葆青春。

智慧自测题

做做下面的趣味测试，看看你的品味如何。

1. 下面三个字中，你觉得哪个字显得品位最高？

A. 韵

B. 涵

C. 轩

2. 下面的句子中，哪个你第一眼看到就难以忘怀？

A. 人生如果没有希望，就像长空中没有飞鸟，没有灵动的色彩。

B. 人生如果没有希望，就像断了线的风筝，永远随风飘荡。

C. 人生如果没有希望，就像航船没有方向，永远无法到达彼岸。

★ 结果分析

选A、A的人：你希望人生时时充满惊喜，你也期许自己能像一朵散发生命力的鲜花，而不是变成一朵日渐干枯的花。工作上当然也是如此，待遇或职位都不是你最重视的，你想从工作中得到自由发挥的主控权，考验自我的实力和耐力。如果不能得到舞台，或是你不再是众人瞩目的主角，你就无法忍受，你会想要另谋发展，燃起生命的新火花。

选A、B的人：你的欣赏能力属于良好，没有特别的欣赏特点，现实中你喜欢的东西可能都不太特别，但是没关系，有时候中庸一点在社会上更好立足。

选A、C的人：你的欣赏能力属于优秀，现实中你目的性很强，所以往往会偏离欣赏与否的角度，你只知道什么才是成功的渠道，会忽略过程，所以对事物的美好与否也难以鉴别。但可喜的是，你的直觉很好，也许“第六感”灵敏。

选B、A的人：你心里最喜欢的感觉是宁静，但外表却颇为欣赏有灵气的东西。鉴赏能力复杂，自己还没有分清喜欢与不喜欢，可能别人却早已决定了。

选B、B的人：你的归属感很强，所以你不欣赏事物飘荡无边，你希望所有事物都是有规律性的，所以也许一成不变的鉴赏能力会陪伴你一生。试着找寻快乐的感觉、青春的感觉，也许会帮助你提高品位。

选B、C的人：你的鉴赏能力很奇怪，你喜欢的事物与别人不同，而且今天一个样子明天又是另外一个样子。

选C、A的人：你的鉴赏能力很强。既懂得变通，又不庸俗，还不至过于个性。鉴赏有时与性格和社会环境有关，所以你的生活一定不乏平淡与情调，是很懂生活的人。

选C、B的人：你的鉴赏能力相当独特，你喜欢把很多别人喜欢的东西包揽下来，然后逐一分析它们，也许你喜欢的总是别人的东西，而少有观察其美与否。

选C、C的人：此类人心平气和，与人为善。由于性格稳定的特点，从而带动了鉴赏能力，鉴赏能力优秀。

拥有爱好是你珍贵的权利

每天抽出一点时间来培养自己的业余爱好，做一些自己喜欢做的事情，不仅有助于丰富我们的才情，还可以为我们忙碌的生活增添一分情趣。美国总统富兰克林·罗斯福即使在战争最艰苦的年代里，仍然坚持每天抽出一点时间来从事自己的小爱好——集邮。做自己喜欢做的事，可以让一个人忘记周围的一切烦心事，让心情彻底放松，让大脑重新清醒，从而在面对工作时能够作出理智的决断。

其实，爱好并不需要限定在掌握一种乐器、熟悉一门技艺等具体的事情上，它可以很虚，但绝对能成为你的精神寄托。比如鲁豫，她对咖啡就有着非同寻常的热爱。从早年喜欢速溶咖啡，到后来成为品味咖啡的高手，自己用咖啡豆磨咖啡，她的生活中已经不能没有咖啡了。鲁豫在《心相约》中提及自己外出录制电视节目时，如果当天没能喝上一杯香浓的咖啡就会头痛难忍。爱喝咖啡实际上已经成了鲁豫生活的一部分，是一种自然的习惯。她在这种习惯中感到平静和惬意，从爱好中获得心灵的自由，这就是爱好给我们的最珍贵的东西。

很多小孩子会有自己的爱好，譬如画画、音乐，可是在他成长的过程中，却因为很多外部的压力而渐渐放弃了这些爱好。而事实上，我们并没有从这种放弃中获利，生活苦闷的人总是居多，如果这些人能有一些自己喜欢做的事情，在其中能享受到毫无功利性的乐趣，他们还会抱怨重重吗？而且，这些看似只属于私人的爱好，也能给你带来无心插柳的收获。

安娜是一家知名公司的经理，尽管自己的事业非常辉煌，但她总感觉到自己生活中缺了点什么东西似的。后来，她想起了小时候的爱好——画画。于是她开始每天抽出一个小时作画，用心体会画画所带给她的心灵的舒适。

为了保证这一个小时不受干扰，唯一的办法就是每天早晨五点前就起床，一直画到吃早饭。安娜后来回忆说："其实那并不算苦，一旦我决定每天在这一小时里学画，每天清晨这个时候，就怎么也不想再睡了。"她把楼顶改为画室，几年来她从未放过早晨的这一小时，而时间给她的报酬也是惊人的。她的油画大量在画展上出现，她还举办了多次个人画展，其中有几百幅画以高价被买走了。她把这一小时作画所得的全部收入作为奖学金，专供给那些搞艺术的优秀学生。她说："捐赠这点钱算不了什么，只是我的一半收获。从画画中我所获得的启迪和愉悦才是我最大的收获！"

安娜画画不是为了赚钱，但却意外地获得了物质的回报，并且这些回报又可以继续用在她喜欢的事情上。这就是无心插柳柳成荫的美事。

我们可以有多项选择，例如插花、茶道、音乐、厨艺等可以学的东西，只需一样，就可以让平凡的女孩有不平凡的亮点。

你并不需要为你的爱好分出很多时间，但记住一定要在心里为它留出一块地方。只有这样你才能在烦扰的世俗生活中觅得一处清幽，从中收获快乐。

鲁豫有戏——生活的剧目要尽力演出

闲暇时间你都干些什么，空虚无聊，全心全意做"宅女"？如果是这样，你不如踏入剧场，去看看那些用生活的智慧和体验凝结成的话剧。看看别人的故事，你也可以找到自己的影子，并且重新思考自己的生活。

鲁豫最近的大动作便是担任了话剧《情缘——地下铁》的艺术总监，这是系列舞台剧《鲁豫有戏》的第一部，鲁豫从主持人摇身一变成了艺术总监，虽然她曾笑称自己的总监之职有些"务虚"。但作为多年"剧迷"，她也坦陈这次不是玩票。

这是一部怎样的话剧呢，在同一个时间，同一列地铁，70后、80后、90后们一路同行。三对恋人展开了自己的地铁情缘。最后，70后情侣结婚了，80后的情侣分手后却在地铁中再次相遇，而90后的情侣在地铁绕环线一周后，就经历了相爱与分手的全过程。话剧的素材源于《鲁豫有约》中收视率很高的一期节目。发掘出普通人不普通的故事，一直是《鲁豫有约》的宗旨，而观众则在这些故事里看到似曾相识的人生。

有记者问鲁豫，这样一部作品出来如果不被观众认可，会不会考虑影响到今后她本人的声誉，鲁豫说："我不认为会影响到我。认不认可只是观众的态度和习惯问题，我觉得只要我们的态度是对的，是在认真地去做一部戏就好了。你没有办法决定别人做什么，但却能够知道自己在做什么。做任何事情都是有风险的，找到信任的团队就是一种成功，结果不可预知，我们只要尽力就好，我更注重的一个很尽力的过程。"

这是鲁豫的工作态度，也是她的生活态度。很多年轻女性在迷茫和空虚里度过了乏味的一天又一天。其实，我们大家的生活都很平凡，都很普通，离开了电视屏幕的鲁豫也像众多女人一样，担心发胖，爱慕时尚。但她的智慧就在于无论是工作还是生活，都一步一步尽力而为。只有"尽力"地去完成她的人生经历。因为尽力，所以她也才在繁重的工作之余，还要亲自监制一部话剧，这里有话剧团队的努力，也有鲁豫对生活的思考。

我们一直在提倡有品质的生活，其实品质生活也都来源于我们尽力而为的经营。别把时间浪费在空虚无聊里，看几本好书，观几出话剧，再加上你对生活的思考。你会发现自己的平凡生活也可以迸出戏剧般的火花。

Lesson22 不一定要追逐时尚，但一定要懂得时尚

智慧关键词：时尚

时尚潮总是爱改变风向，昨天还在追求前卫，今天就要刻意复古。潮流一日三变，鲁豫的造型却可以常年不改依旧亲和如初。因为她没有迷失在模仿里，了解自己，了解时尚，然后才能成为驾驭时尚的人。

被时尚驾驭还是驾驭时尚

俗话说："有人创造流行，有人跟从流行。"因为有众多的人迷信流行，因而有了大众时尚。时尚本无对错之分，但是盲目跟从时尚就会陷入误区。

有的女人为了追求时尚，往往不考虑自己的年龄、体形、肤色，甚至盲从一些标新立异的行为，如吸烟、染发和穿另类时装。为了追赶时尚，她们甚至不惜重金，最后自己口袋里的钱越来越少，感觉越来越糟。

综观今日的时尚，大多为商业行为所制造。为了使产品成为受大众青睐的商品，商家们不约而同地将经营策略放到了成本不变的前提下，如何最大限度提升产品价格上。于是，“高附加值”等概念被堂而皇之地推出来，一系列时尚制造行动也频频出现在世人的面前。在电视屏幕和报纸杂志的引导下，人们不可避免地会将这些商业运作的结果和时尚画等号。于是，时尚也开始变得铜臭味十足起来：一张普通的木床，价格可以高到能买下半亩树林，一个挂在脖子上的小饰物足以支付几个失学儿童3年的学费……

做时尚的奴隶是可悲的。现代女性要学会用自己的眼睛观察自己，相信自己具有与众不同之处。如果仅仅生活在他人的时尚观念中，你所拥有的当然只能是茫然和盲从。

避开时髦的陷阱吧！为什么不创造出自己的风格呢？只有当你的内涵和外表协调统一时，你才是最美的！

靳羽西不靠追赶时髦，而是依靠自己的气质彰显独特的魅力。一本《魅力何来》，使她魅力四射。25岁以前，她也和爱赶新潮的年轻人一样，尝试新的东西，喜欢冒险，并显示自己的与众不同。她那时赶时髦，追流行，把头发染成金色，涂蓝色的眼影。25岁以后，她开始知道什么才是使自己漂亮的东西。也可以说，她从盲目追求流行中进行了反省。

她从此不再花时间和金钱去追求那些虽然流行但并不能使她变得漂亮的时髦。为了工作，为了成功，她需要一个成熟的、有品位的自我形象。她选择的“整齐刘海、齐耳短发”，既使她看上去比同龄人年轻，又保持了她内在的不老的青春活力。这一发型似乎成了她生活的固定选择。她对流行色有独到的见解，能使皮肤白嫩些、细腻些、年轻些、更漂亮些的颜色就是永恒的流行色。在大家追求和崇尚西方的金发碧眼，并为自己的亚洲人种感到自卑时，靳羽西却认为亚洲人的黑发就是美，她也不认为黄皮肤是丑的，相反，她觉得这是人种的象征，也是美丽肤色的一种，关键是要使这种肤色成为一种健康色，打扮的结果是要使这种肤色更美丽，而不是要改变它。显然，她的定位——新色彩、新风格和新服装使她光彩照人，她的形象设计得到了全世界的认可。

今天的女性生活在时尚之中，当然不能对时尚无动于衷，时尚与女性并不是对立的，它完全可以令女性更加富有魅力。聪明的女性不会成为时尚风潮的奴隶，而是根据自己的内在精神需求与性格气质，从纷繁芜杂的时尚风潮中升华而出。时尚女性，魅力永恒！

时尚大师香奈儿女士说过，时尚终将过去，只有风格永存。拥有最适合自己、最能展现自己魅力的风格才是终极的时尚。很多女性爱追赶潮流改变自己的发型，而鲁豫则数十年如一日地保留着她的“童花头”发型。短短的头发成了她的标志，也成了知性造型的典范。现在很多女性总会告诉理发师，“我要剪个像陈鲁豫的那种发型”。鲁豫已经把自己的风格打造成了一种时尚。这就是驾驭时尚的人。

智慧自测题

根据自己的实际情况用“是”或“否”判断下列说法，看看你是否拥有时尚的感觉。

1. 处处充满好奇心，渴求一切新知识。
2. 能很快适应新环境。
3. 对新鲜事物理解很快，反应也很快。
4. 讨厌依赖别人，自立性很强。
5. 一旦疲劳会很快调整、恢复，始终保持乐观。
6. 一件事只要决定了，就很少后悔。
7. 即便十分疲倦也心情豁达，不找人出气。

8. 任何地点、时间，只要疲倦，倒下就睡着。

9. 记忆力很好，多数为遗传的财富。

10. 看待人和事物一般均向前看。

11. 不怕麻烦，自己的事自己了结。

12. 即便在有病有灾时也不会轻易想到以下问题：老了，一个人孤独，什么时候死。

13. 很少与别人谈话时重复说某一件事。

14. 不会发牢骚，遇到困难，会静下心来探索破解困难的途径、方法或找人帮助。

15. 不喜欢对旧的过时的东西视若珍宝，也很少到银行去存钱。

16. 对异性感兴趣，若遇到异性求助会表示出热心。

17. 不囿于常识与习惯，有时会下决心冒险。

18. 倾向于欣赏科幻作品。

★ 评分标准

答“是”得1分，答“否”得0分。

★ 结果分析

9分以上：你属于头脑年轻、时尚的人。总分越高，那么头脑越年轻越时尚。

9分以下：意味着头脑正在老化，追逐时尚的精力和动力越来越少，分数越低，老化越严重，也就谈不上什么时尚了。

把脉时尚，从了解开始

对时尚的追逐、对自然的崇尚，是女性的永恒话题，而漂亮、随意、充满青春活力也应是最喜好自由生活、重视自我感受的女性生活。闲暇时间逛逛品牌名店，是鲁豫的休闲活动之一。在这里她能够感受到最浓烈的时尚气息。时尚看似虚无，其实也可以很具体。要把脉时尚，不妨从了解具体的时尚开始。

1. 体现时尚品位的 5 大配饰

服装永远是时尚中最重要的方面，但是配合服装的小饰品或者其他小配件却能起到画龙点睛的作用。

（1）胸针。胸前佩戴一枚精巧别致的胸针，不仅可以引人注目，给人以美感，而且具有加强或减弱外观某一部位的注意力，达到衣服和首饰相得益彰的审美效果，可以说佩戴胸针有画龙点睛的奇效！

（2）手镯。手镯可以使风格刚劲的服装增加柔情。手镯可以是塑料、木质、象牙、骨质的，变化丰富。可以想象，如果有一袭黑白花色的裙装，黑白项链，黑白耳环，更有出其不意的夸张的宽大黑白色手镯，岂不惊艳四座？

（3）耳饰。充满动感的耳饰可以衬托出佩戴者的妩媚迷人。耳饰的历史非常悠久，早在 1000 多年以前，耳垂穿孔佩戴耳环，就成为女性追求美的重要方式。

（4）包。每个女人都有无数个包，大的、小的、背带的、手提的、肩背的……每一个包都有它的独特之处。21 世纪的今天，包早已成为女人不可缺少的装饰品！一个颜色、款式、质地都很好的包与衣服巧妙相配，可以将你的气质和品位表现得完美无缺。

（5）香水。时尚的女人不能不用香水，不是吗？自由、明快、热情、开朗、傲慢、孤独……种种与女人个性和情调相关的词汇都可以通过香水来体现。香水从出现至今，就有了借以表达自我情感的方式，或是丝丝忧郁，或是明快自信，全都锁在霓裳的芬芳之中。每一种香水，都可编织出一个属于女人的迷梦。

2. 时下最受欢迎的休闲方式

时尚不仅可以具体到服装和配饰，生活方式中也处处有着它的影子。比如一些受到时尚人士推崇的休闲方式。

（1）钓鱼。钓鱼磨炼个人的耐性，颇能获得成就感的钓鱼被排在首位。钓鱼于江河湖海，空气清新，阳光充足，噪声小，是养身保健的良好环境。参加钓鱼活动有助于增加生活情趣，钓鱼使人心情舒畅，情绪稳定，精神饱满。

（2）作画。作画自古就是修身养性的绝佳方式，况且，琴棋书画几千年来一直是衡量国人是否有才能的标志。但不要非得成为画家，在奔波忙碌中抽出时间来修习些高雅的技艺，对心灵无疑是一种涤荡。

（3）登山。登山是极为理想的运动，它比单调的跑步有趣，在登山的过程中，几乎可天天看到自己在进步，既能在崇山峻岭中呼吸新鲜空气，还能欣赏祖国大好河山。登山既是人对自然的挑战，也是人对自我的挑战。当你脚踩顶峰“一览众山小”时，就会享受到回归自然的喜悦，平添征服自然的豪气，而这种感觉对于深受“现代文明病”困扰的都市女性无疑是最好的“保健品”。

（4）骑马。女性骑马在欧美早已流行，国内女性马术流行的风气则是最近半年才开始，至于骑马究竟有什么迷人之处，受都市女性的喜爱。根据科学分析，骑马10分钟等于按摩10万次，骑马30分钟等于慢跑25000米消耗的热量，骑马就像轻松做SPA。西方有句话：会骑马的不一定都是贵族，但贵族一定都会骑马。骑马不仅有塑身的神奇功效，同时可借由马术锻炼仪态、提升心灵层次。

（5）打高尔夫球。打高尔夫球可称得上是高雅运动的典范，因此备受有一定经济实力的女性的喜爱。由于高尔夫球场一般都被大量的绿色植物覆盖，空气中的氧含量较高，空气新鲜，对于长期生活在都市中的上班族，是一个排毒的好机会。

“潮女”的时尚法则

《鲁豫有约》有一期节目采访了时尚、新锐的设计师们，鲁豫当期的服装就是由他们操刀设计，节目中鲁豫也饶有兴致地谈起了自己对时尚的喜爱，时尚感让她保持着对生活的热情。聪明的女性应当学会驾驭时尚，做时尚的主人。为了在纷繁复杂的时尚潮流中脱颖而出，做个“潮女”，你就要懂得这些法则。

1. 注重时尚的和谐

时尚应当与自己的年龄和谐。时尚具有很强的年龄特征，不同年龄追求不同的时尚，已经成为普遍的生活现象和文化现象。女性要根据自己的年龄特征选择适当的时尚服装。青春少女尽可以用活泼明丽、宽松利落的时尚服装点缀自己，成熟女性则应选择风格柔和、稳重的时尚服饰。

时尚也应与自己的性格和谐。模仿不是美，拼凑不是美，时髦也不一定是美。只有当内在性格与时尚追求和谐一致时，女人的美才能得到充分体现。如旗袍给人以文静的感觉，假小子式的姑娘就穿不出旗袍的味道来。所以，女性追求时尚时，要注意服装款式、色泽、质地要与个性吻合，不可一味模仿。

蔡依林是一位时尚高手。一曲《看我七十二变》让每个人惊诧这位台湾女歌手的转变。往昔邻家女孩般清新、甜美的脸庞，此刻完美依然，却又蕴藏了一丝难掩的成熟、妩媚姿态，举手投足，尽是绚丽光彩。

时尚，其实就是从了解自身开始的。她在忙碌的工作之余，挪出时间，远赴日本学习彩妆的技巧，因而对于化妆的结构有了更深一层的认识。在学习的过程中，她也更加认识自己，清楚地知道怎样的妆容适合自己，该如何强调脸部轮廓、五官的特色，如何利用颜色的层次变化、浓淡技巧呈现出不同的风情。随着年龄的增长，她知道她不再适合那些古灵精怪的造型。所以大胆改变，展现了自己的熟女风范，一样深得歌迷的追捧。蔡依林善于抓住时尚的精髓，又能做到与自身个性相和谐，难怪她的“七十二变”无论怎样都显得妩媚动人。

此外，还要注意使时尚与所处的环境相和谐即在选择时尚服饰时，与一定场合的气氛相和谐。在办公室，职业女性头顶耀眼的红发就很不庄重；在教室里，女教师漂亮的手链将使她在学生心中的分量减轻。

2. 抓住时尚的精髓

时尚有其特定的内涵，非经提纯不能窥见其全貌，为此你首先要做的就是对时尚提纯。要从它的核心部位入手，将它的实质构成寻找出来，挖掘出来，为己所用。时尚一旦被成功提纯，展现在你面前的必将是一个超乎寻常的结果，那种清晰与明朗足可使你的思想和行为有一个质的飞跃，让你可以牢牢抓住时尚的精髓，而不必拘泥于太多外在的形式。

时尚的女性应当善于抓住流行色。引领流行的是服装，引领服装的是色彩。选用一两种流行色与基本色一起搭配，就能够做到既保持自我又紧跟时尚了。时尚的女性应当善于用细节点缀自己。选购裘皮大衣、添置羊绒套裙不必考虑流行色，但可以配上流行色的套衫或围巾，甚至一枚别针、一对耳环、一副项链，那上面的一点点流行色彩，可以使女性具有流行特质。

时尚的女性应当善于自己创造流行。寻找流行目标，关爱自己，展现魅力，把自己当做是流行的“晴雨表”，时不时穿一些怪怪的却又蛮可爱的服装，不小心就制造了新一轮时尚。比如，在披肩的长直发上用许多夹子夹成另类发式；着一条效仿巴基斯坦风俗的长裤，偏偏配上圆头平底带襻的娃娃鞋，不定期走上街头，身后将会出现很多跟风者。而时尚女性一般都具有以下共同特征：

1. 经济独立

新世纪的时尚女性普遍会有自己的事业。她们思维敏捷，聪明智慧，努力在事业和爱情中间取得平衡；她们独立自主，自尊自立。她们有较强的理财能力，懂得怎样用钱更好地安排自己的生活。

2. 爱自己，才能爱别人

这是新世纪时尚女性中最流行的口号，最时髦的举止。时尚女性会时时倾听自己内心的声音，诚实地面对自己真实的感受和欲念，选择自己想要的，不刻意讨好别人而压抑自己。她们认为只有用这样的态度爱自己，才能真正了解爱的意义，进而才有能力去爱一个男人，保证双方在“爱”中不受伤害。

3. 不断充电

注意时事、关心环境、了解政治、接近人文，时尚女性拥有热切求知的好习惯，书籍、电影、资讯光碟、网络是她们最好的朋友。熟练使用一门以上的外语、进修 MBA 或一门实用课程，对于她们来说是提升自己知识与能力、开拓事业必不可少的手段。她们认为只有知识与智慧、美貌与才情兼备的女人才会充满活力与信心，也才真正对男人有吸引力。

4. 交友广阔

时尚女性时刻注意扩大自己的社交圈，艺术展览、科技研究、商贸交流、国际环保，只要对自己有益的活动，她们都不会拒绝参加。在这些活动中，可以认识各个行业、各个领域的朋友。从这些朋友身上，她们可以开阔眼界、学习新知识、参与更多的社交活动，也为自己创造更多打开世界的机会。

5. 独自旅行

更多的时尚女性会选择独自旅行的方式来度过自己的闲暇时光。她们认为单独旅行不仅可以摄取新知，更是一种自我探索。她们认为独自面对陌生的外界环境，绝对能够培养自律，提高自信，感受生命的美好与完整。只有更多地感受生活形态，才能明白自己真正适合什么样的生活。在与大自然近距离的接触中，女性的自我疗伤能力将愈加增强，心灵将愈加健康而自由。

时尚法则就是这样简单，做个潮女一点儿也不难。多花一点心思在自己身上，就能让所有人惊艳你的改变。

Lesson23 甩开压力的包袱

智慧关键词：减压

直到现在，“久经沙场”的鲁豫在初次面对采访对象时，还会有压力感。但她总能在言谈间表现得从容不迫。她不是完全摆脱了压力，而是正视了它的存在。把压力视作一种常态，在重重压力下依旧可以照常生活。

压力是一种常态

现代生活中，很多肩负事业和家庭双重责任的女性会抱怨压力太大，令她们无法承受。诅咒压力、憎恶压力，在压力中消沉，甚至在压力中崩溃，选择一些极端的解决方式。这样的例子不胜枚举。

压力到底是一种什么样的东西，可以有如此大的摧毁力。压力来自方方面面，工作的繁重、生活中的各种琐事、情感纠葛、人际关系紧张都可能造成压力，让人感觉处于一种备战状态，精神高度紧张，随时等待着灾祸的发生。绝大多数人都面临着相似的境况，尤其是金融危机来临之后，大家都在担心自己的饭碗能否保得住、高额的房贷如何偿还、父母子女如何供养……可以说，承受着压力是一个现代人的常态。但问题是，一些人似乎能够承受，另一些人却被压力击垮了。究其原因，外部压力只是很小的一部分原因，更大的原因来自于自我。也就是说，是我们自己让自己的心灵背负了沉重的压力。

其实完全没有心理压力的情况是不存在的。如果你的生活失去了压力，那么空虚就会找上门来。无所事事，对生活失去兴趣的状态比高压状态更加不利于你的心理和生理健康。学学那些生活在高压中却能够笑面压力的人吧。

比如鲁豫，以及像鲁豫一样在媒体行业工作的人。鲁豫主持《凤凰早班车》时，每天都要凌晨起床。因为是直播节目，有大堆的新闻材料需要在极短的时间里记忆，然后口述。同时要求不能死板地背诵，需要自然、轻松。有近一年的时间里，鲁豫每天都在睡眠不足的情况下承担着这些工作，压力之大可想而知。不过这个看似瘦弱的女人却能够坚持下来，每天对着镜头依旧笑意盈盈。她并没有什么缓解工作压力的秘诀，不过是喝喝咖啡、购物、与友人开玩笑等一些普通的解压招数。其实，压力在鲁豫这里，全然成了完美完成工作的动力。

我国知名的心理咨询专家曾奇峰先生说过：心理压力是魔鬼与天使的混合体。它就像是能带给人心灵的和躯体的双重伤害的魔鬼。而另一方面，压力又能让我们保持较好的觉醒状态，智力活动处于较高的水平，可以更好地处理生活中的各种事件。而在鲁豫身上，压力显然成了天使。

我们每个人都面对着压力，压力是一种常态。既然如此，何不笑面压力，让它成为帮助我们的天使！

智慧自测题

如果你让自己持续处于这些心理压力之中，久而久之，就会造成情绪和生理上的双重伤害。对照以下的叙述，看看你是否有巨大的压力。

1. 总是感觉到孤独，觉得无人理解。

2. 理解力和记忆力明显下降，经常说了上半句忘了下半句。

3. 对过去的爱好失去兴趣，并且对很多事物也失去兴趣。

4. 尽管经常感到疲倦，入睡却非常困难。

5. 情绪起伏大，有时会因为微不足道的原因和周围的人过不去。

6. 经常发呆或者回忆过去。

7. 经常怀疑他人对自己不利。

8. 疯狂工作或者对工作漫不经心，这都是逃避压力的表现。

9. 过度饮食或者对食物不感兴趣。

10. 对噪声极其敏感。

★ 结果分析

以上症状如有 3 ~ 5 项在你身上同时出现，并持续 3 个月以上，说明压力给你心理和生理方面已造成伤害，缓解压力已经成为刻不容缓的问题。

把压力装入沙漏里

压力是一种常态，但不会与压力相处的人就会打破这种状态，而让自己的精神和身体陷入崩溃的边缘。与压力相处的关键是承受者的心态和耐力。工作压力重的鲁豫曾戏称自己“很抗压”，她认为，与其在压力来临时诅咒它，不如从自身做起，改变心态，增强承受力，更要向沙漏学习怎样把压力一点一滴地释放。

现代人大都背负着沉重的生活压力，时常担心这个，担心那个。面对这么多的压力，你该试一试“沙漏哲学”，既然你所忧虑的事不是一时半刻就能改变的，你就要用另一种心情去面对。

第二次世界大战时期，米诺肩负着沉重的任务，每天花很长的时间在收发室里，努力整理在战争中死伤和失踪者的最新记录。源源不绝的情报接踵而来，收发室的人员必须分秒必争地处理，一丁点儿的错误都可能会造成难以弥补的后果。米诺的心始终悬在半空中，小心翼翼地避免出现任何差错。

在压力和疲劳的袭击之下，米诺患了结肠痉挛症。身体上的病痛使他忧心忡忡，他担心自己从此一蹶不振，又担心自己是否能撑到战争结束，活着回去见他的家人。在身体和心理的双重煎熬下，米诺整个人瘦了34磅。身心交相煎熬，米诺终于不支倒地，住进医院。他想自己就要垮了，几乎已经不奢望会有痊愈的一天。

军医了解他的状况后，语重心长地对他说：“米诺，你身体上的疾病没什么大不了，真正的问题出在你的心里。我希望你把自己的生命想象成一个沙漏，在沙漏的上半部，有成千上万的沙子。它们在流过中间那条细缝时，速度都是平均而且缓慢的，除了弄坏它，你跟我都没办法让很多沙粒同时通过那条窄缝。人也是一样，每一个人都像是一个沙漏，每天都有一大堆的工作要去做，但是我们必须一次一件慢慢来，否则我们的精神绝对承受不了。”

医生的忠告给了米诺很大的启发，从那天起，他就一直奉行着这种“沙漏哲学”，即使问题如成千上万的沙子般涌到面前，米诺也能沉着应对，不再杞人忧天。他反复告诫自己：“一次只流过一粒沙子，一次只做一项工作。”没过多久，米诺的身体便恢复正常了，从此，他也学会了如何从容不迫地面对自己的工作。

人不能同时解决所有的事情，那么又何必为那么多事情而烦恼呢？不能即时改变的事，你再怎么担心、忧虑也毫无用处，事情并不能马上解决；你应该试着一件一件慢慢来，全心全意把眼前的这件事做好。

人生在世，必然要面对各种各样的压力，你要学会调整自己，按部就班，压力就会不断推动着你努力前进。

你也可以试试这些化解压力的办法：

1. 罗列出具体的压力源

你可以仔细思考自己到底有哪些压力，它是来自工作、生活、交际，还是其他方面，把让你感到困难的事情仔细写出来。一旦写出来以后，你就会发现了解自己的具体所想就能化解掉一半的压力。

然后为这些事情排一个序，哪些是你必须要马上解决的，哪些是可以稍微放缓一下的，从重点开始逐个击破。

2. 自我心理暗示

通过积极的自我心理暗示，如告诉自己"这些都不算什么，我可以轻松解决"，或者训练思维"游逛"，如想象着"蓝天白云下，我坐在平坦碧绿的草地上"、"我舒适地泡在浴缸里，听着优美的轻音乐"。这些积极的暗示都能在短时间内让你平复心情，获得轻松之感。

3. 用大哭来发泄

心理学家认为，大哭能缓解压力。一个对比实验可以证明这个结论：心理学家曾给一些成年人测血压，然后按正常血压和高血压编成两组，分别询问他们是否偶尔哭泣。结果 87% 血压正常的人都说他们偶尔会哭泣，而那些高血压患者却大多回答从不流泪。由此看来，让人类情感抒发出来要比深深埋在心里有益得多。

4. 为压力寻找合理的解释

这个方法是在你明确压力来自什么方面以后采取的，目的是增强心理承受能力。比如说当你在繁重的工作中与同事产生纠纷，感觉对方增添了你的工作压力。这个时候你不妨想一想对方的处境，他可能最近面临着什么困境，所以情绪不稳定，因而在与你的合作中产生了摩擦。这样一想，你就会觉得心里平和多了。

5. 寻求支持

当你觉得自己的心理压力过大，已经快超出承受范围的时候，可以适当地向亲戚、朋友、心理医生求助。倾诉可以缓解你的精神紧张，千万不要一个人硬撑。其实承认自己在一定时期软弱，然后通过外部有益的支持降低紧张、减弱不良的情绪反应是明智之举。

总而言之，压力是客观存在的，你不可能减掉所有的压力，但是把压力放在沙漏里，让它一点一点地囤积，又一点一点地漏下，你的生活就能找到平衡，心情也能归于平静。

Lesson24 做乐活一族，享受健康生活

智慧关键词：乐活族　环保　健康

即便是在繁杂吵闹的都市，也有这样一群人，享受着更贴近自然的健康生活方式。喜欢情调生活的鲁豫，内心也有朴素和乡土的一面，他们都是“乐活一族”，与众不同的个人标签是：更自然、更健康、更环保。

乐活族：简单的生活里有可持续的快乐

鲁豫曾说过：“我承认我是个小资的人。不做作，但喜欢小情调。可我的内心也有朴素和乡土的一面，否则我无法解释心中越来越强烈的回归平凡生活的冲动。”她的内心追求正符合了乐活族的目标。

什么是“乐活族”？在弄清楚这个族群的定义以前，你不妨看看这些生活方式，比较一下你遵守了其中哪些规则。

1. 坚持自然温和的轻慢运动。

2. 不抽烟，也尽量不吸二手烟。

3. 电器不使用时关闭电源以节约能源。

4. 尽量选择有机食品和健康食品食用，避免高盐、高油、高糖。

5. 减少制造垃圾，实行垃圾分类和回收。

6. 亲近自然，选择“有机”旅行。

7. 注重自我，终身学习，关怀他人。

8. 积极参加公益活动，如社区义工、支教等。

9. 支持社会慈善事业，进行旧物捐赠和捐款。

10. 节约用水，将马桶和水龙头的流量关小，一水多用。

11. 向家人、朋友推荐与保护环境有关的产品。

12. 减少一次性筷子和纸张的使用，珍惜森林资源。

13. 减少对手机的使用。

以上是乐活族成员自己总结的乐活宣言，如果你发现自己的生活方式跟以上很多选项重合，那么恭喜你，你就是乐活族的一员。

乐活族的概念最早是由一个美国社会学者在20世纪80年代提出的。“乐活”就是“LOHAS”的中文音译，也就是life styles of health and sustainability，直译过来就是“健康永续的生活方式”。有着这样的生活方式的族群就是乐活一族，他们热爱生活，更热爱环境，坚持简单、自然、健康的生活方式。在消费中，尽量不做对环境或者他人有害的事情。

现在，乐活族的爱健康、重视环保的生活方式早已经风靡欧美，并且也渐渐被国人所接受。这群人乐观、包容、身心健康、充满活力。而面对如今的金融危机，乐活族的生活方式更能在保证生活品质的前提下防止更多的潜在危机发生。

其实一直以来，很多人就对健康生活充满了向往，但是过去的宣传总是集中在“不能这样、不能那样”的告诫中，仿佛生活中各处都充满了地雷，这些生活方式让人显得很被动。而乐活族则强调人的主动性——是我们自己去争取健康、快乐的日子。“乐活”作为一种健康的生活方式和生活态度，迅速被越来越多的人接受。

还等什么呢，现在就加入乐活一族吧。

做个快乐的乐活族

把大部分精力都投入到工作中的鲁豫对日常生活有着自己的见地，很多人质疑鲁豫的清瘦。但在她的眼里，自己还是曾经的那个一口气吃下七个煎鸡蛋的小胖妞。不过现在的她学会了克制，在食物面前多了几分自制力。少量的食物加上繁重的工作，鲁豫想不瘦都不行。

其实，克制自己的欲望就是乐活族的精神内涵之一。当自身的欲望和环境、他人发生冲突时，懂得从长远利益出发，减少自身的欲望，放慢生活的节奏，平缓自己的呼吸，减少浮躁的行动，逐渐体验慢生活、简单生活、宁静生活与悠闲生活的价值与趣味。把自己的欲望压制一下，以更简单的生活方式来换取舒畅的心情，你会发现，你会得到更多的快乐。

而具体说来，做个乐活族要在饮食上崇尚素食与有机食品，细嚼慢咽。如果有条件的话自己可以尝试种一些时令蔬果。选择洁净、设计简洁的服装，优先选择纯棉等天然面料的服装。在家居上，你的装修方案要符合环保、安全的各项标准。而日常生活中则要减少赌博、过多泡在网络上等有害身心的娱乐活动，而把精力放到一些公益活动或者琴棋书画等更有益身心的活动上。多走路，少坐车；多坐公交车，少开车。

以上的叙述如果还不能让你明晰如何做一个快乐的乐活族，你不妨试着从这些生活细节入手：

1. 减少衣服干洗的次数。

2. 完好的旧衣物与其让它躺在衣柜底不如送给需要的人。

3. 吃时令的蔬菜和水果。

4. 少用一次性的餐具。

5. 换较小、通风采光好的房子。

6. 水槽下放水桶，回收废水做家务清洁。

7. 尽量开窗，减少使用空调。

8. 尽量步行或者搭乘公共交通工具。

9. 健走是一项很好的运动，而且不用花钱。

10. 定期保养爱车，达到车子最佳性能又不浪费油。

11. 如果想买车，考虑环保车。

“乐活”是自然、健康、精致的生活态度，这种态度正在逐步渗透到我们的思想观念及生活的方方面面。做个乐活族，你就能学会用最少的精力和投入发现生活最本质的美。